# *LA PENSÉE DIRIGÉE*

## Traité sur le raisonnement et les logiques

© 2016, Claire Wagner-Rémy

Edition : BoD - Books on Demand
12/14 rond-point des Champs Elysées, 75008 Paris
Impression : Books on Demand GmbH, Norderstedt, Allemagne
ISBN : 9782322096688
Dépôt légal : Août 2016

Claire WAGNER-RÉMY

# *LA PENSÉE DIRIGÉE*

## Traité sur le raisonnement et les logiques

# INTRODUCTION

Pourquoi n'apprend-on pas à raisonner ? Pourquoi le raisonnement n'est-il pas enseigné dans les écoles ? Tout au plus, certains de ses aspects sont-ils abordés en tant que notions historiques ou littéraires en classe terminale des filières générales.

Sans la maîtrise du raisonnement, nous sommes condamnés à *croire* ce qui nous est communiqué ; nous nous livrons pieds et poings liés aux *experts* ; les médias parlent de *pédagogie* [1] au lieu d'explication ; l'enseignement affiche comme objectif la transmission des *savoirs* et non le développement des connaissances, etc. Il ne s'agit pas là de nuances sémantiques, mais bien de fossé qui sépare ces différents termes. Lors d'une discussion, l'expression *« C'est plus compliqué que cela »* coupe court à tout raisonnement. La liste serait longue de tous ces raccourcis qui nous dispensent de raisonner, ou même d'imaginer qu'il existe un raisonnement qui fait passer d'une situation donnée à un ordre ou une injonction.

John Taylor Gatto, enseignant américain, auteur d'essais critiquant le principe de l'école obligatoire pour l'éducation des enfants, cite les dix capacités essentielles pour réussir à s'adapter au monde du travail en changement rapide, selon l'une des institutions de Harvard [2] :

1. Définir des problèmes <u>sans guide</u>.
2. Mettre en question des présuppositions largement admises.
3. Travailler en équipe <u>sans direction de conduite</u>.
4. Travailler complètement seul.
5. Persuader autrui que vous avez raison.
6. Discuter des problèmes et des techniques en public concernant des décisions politiques.
7. Conceptualiser et réorganiser l'information pour créer de nouvelles combinaisons.

8. Tirer rapidement l'information pertinente à partir de masses de données.
9. Penser de manière inductive, déductive et dialectique.
10. Attaquer des problèmes de manière heuristique.

Les termes soulignés par J.T. Gatto mettent en exergue l'importance de l'autonomie dans la pensée, ce qui entre en contradiction non seulement avec les méthodes d'enseignement général qui s'adressent aux enfants, mais aussi et surtout avec la manière dont les « autorités » (politiques, économiques, médiatiques, etc.) s'adressent au « peuple » (cf. note [1]), alors que celui-ci devrait être considéré comme formé de personnes adultes et responsables.

Raisonner, c'est être capable d'organiser sa pensée, de la diriger soi-même, sans l'asservir à des idées toutes faites, à des idéologies ou à des autorités, quelles qu'elles soient. Raisonner permet de se convaincre et de convaincre d'autres personnes, au lieu d'être soumis aux dictats. Maîtriser le raisonnement, c'est se libérer de tout assujettissement mental, et par suite de toute forme d'assujettissement en général.

\*

*« Il existe trois sortes de cerveaux : les uns comprennent les choses d'eux-mêmes, les seconds quand elles leur sont expliquées, les troisièmes ne comprennent ni d'une façon ni de l'autre ; les premiers sont les meilleurs, les seconds encore excellents, les troisièmes inutiles »*, dit Machiavel. Le raisonnement ainsi que ce livre s'adressent principalement aux seconds.

---

Notes

[1] « pédagogie » vient du grec παιδαγωγειν (*paidagogein*) signifiant « conduire les enfants », lui-même issu de παις (*pais*), « l'enfant », et αγωγος (*agogos*), « le guide ». Ce terme est aujourd'hui utilisé couramment à l'intention d'adultes. Ceux-ci ont-ils envie d'être conduits ou guidés comme des enfants ?

[2] Texte original de John Taylor Gatto (*The Curriculum of Necessity or What Must an Educated Person Know?*) :

*Ten qualities were offered as essential to successfully adapting to the rapidly changing world of work :*
1) *The ability to define problems <u>without a guide</u>.*
2) *The ability to ask hard questions which challenge prevailing assumptions.*
3) *The ability to work in teams <u>without guidance</u>.*
4) *The ability to work absolutely alone.*
5) *The ability to persuade others that your course is the right one.*
6) *The ability to discuss issues and techniques in public with an eye to reaching decisions about policy.*
7) *The ability to conceptualize and reorganize information into new patterns.*
8) *The ability to pull what you need quickly from masses of irrelevant data.*
9) *The ability to think inductively, deductively, and dialectically.*
10) *The ability to attack problems heuristically.*

# PROLOGUE

L'homme commence à raisonner lorsqu'il sort de la préhistoire pour entrer dans l'histoire, lorsqu'il prend conscience de son individualité, de sa séparation du cosmos ou de la divinité, de sa sortie du monde mythique, de son existence dans le monde temporel. Il cherche à comprendre l'univers qui l'entoure, à l'expliquer, à le maîtriser. Il structure sa pensée, invente le langage pour la communiquer, il lui donne une direction, un sens, il l'oriente vers un but, une cible, un objectif. Il se dote d'une technique de pensée, le raisonnement, ce que nous appellerons la « pensée dirigée ». Même si, en nous référant aux récentes avancées archéologiques, nous devons admettre que cette « pensée dirigée » est probablement bien antérieure à la période historique : *« Les gestes impliqués dans les chaînes opératoires, dont la séquence se tend vers un but, le biface, sont tout à fait homologues d'un point de vue cognitif à la construction des phrases dans le langage humain. La retouche, par exemple, s'identifie à une propriété particulière du langage qui est la récursivité. »* [1]

Le présent traité n'a pas pour ambition de retracer la genèse du raisonnement ni d'écrire une histoire de la logique. Pour suivre la chronologie, le lecteur pourra se reporter à l'annexe « Repères biographiques ». Il ne vise pas plus à faire « avancer » le sujet qui a déjà été amplement développé au cours des siècles par les philosophes, logiciens, linguistes, épistémologues, ni même d'en proposer une étude exhaustive. Notre objectif est plutôt de replacer les différents modes de raisonnement les uns par rapport aux autres, de montrer leur diversité, leur complémentarité, leurs limites, et surtout de faire comprendre au lecteur, sans l'ensevelir sous des amoncellements de formules absconses, que cette matière est toujours vivante et que chacun peut y puiser matière à penser, y trouver des outils pour aller plus loin ou y ajouter ses propres réflexions.

Cette étude nous a conduit à appliquer notre pensée à l'étude de la pensée, nos idées pour comprendre l'émergence des idées, notre raisonnement à l'analyse du raisonnement, notre intelligence à la réflexion sur différents aspects de l'intelligence, en général. Cette autoréférence omniprésente mais inévitable est sans doute à l'origine de la distorsion affectant certains développements, dont nous espérons que le lecteur ne nous tiendra pas rigueur. Toutefois, afin de prendre du recul par rapport à l'autoréférence, nous nous sommes appuyés sur de nombreux résultats, depuis les plus anciens, élaborés par les penseurs de la Grèce antique, jusqu'aux avancées récentes, notamment celles motivées par la conception de logiciels et de systèmes informatiques, et de les articuler par rapport à notre expérience personnelle de l'activité intellectuelle, de l'intelligence, de la capacité à raisonner.

A quelques exceptions près, puisées notamment dans la pensée et la culture indiennes et chinoises, nous avons essentiellement limité notre étude à la pensée occidentale, sachant qu'il existe d'autres modes de fonctionnement mental chez d'autres peuples, notamment extrême-orientaux, africains, amérindiens, etc., sans doute très féconds, mais nécessitant une investigation poussée de ces civilisations que nous n'avons pas effectuée dans le cadre du présent ouvrage.

---

Note

[1] Pascal Picq, *L'archéologie entre le passé et l'avenir de l'homme*, in « L'avenir du passé », ouvrage collectif, La Découverte, 2008.

# CHAPITRE 1.

> « Ce qui est simple est faux, ce qui est compliqué est inutilisable. »
> (Paul Valéry)

L'étude du fonctionnement des ordinateurs, de l'informatique et singulièrement de l'intelligence artificielle a constitué le point de départ de la présente investigation sur le raisonnement et la logique. La réflexion sur les ordinateurs entraîne, en effet, une nouvelle manière de nous regarder penser, de considérer le monde et notre relation à lui. Les travaux en intelligence artificielle s'appuient sur ceux des logiciens et des mathématiciens, mais ont aussi montré la nécessité de recourir à de nouvelles logiques et de chercher une formulation pour celles-ci, au-delà de la logique formelle classique. Enfin, ces mêmes travaux mettent en évidence la difficulté, voire l'impossibilité à formaliser certains raisonnements qui, bien que très féconds, demeurent implicites.

## L'homme ou la machine

Nous sommes en 1991. Je suis chargée de donner une conférence sur l'intelligence artificielle devant un auditoire grec dans le cadre d'un séminaire organisé à Paris sur le thème des « technosciences ». Je reproduis ici un extrait de mon intervention intitulé « Le renouvellement des logiques par les technosciences ».

*Imaginons que, pendant que je vous parle en français, vous entendez mes paroles en grec via des écouteurs miniaturisés. Mon discours pourrait aussi s'inscrire automatiquement sur un petit écran plat devant vos yeux, ou s'imprimer grâce à une imprimante portative, dans la langue que vous souhaitez. Seulement voilà : vous êtes assis là, certains devant une feuille de papier ou un bloc-notes, d'autres munis d'un petit magnétophone de poche. Vous me comprenez grâce à une excellente interprète tout à fait humaine, qui vous permet d'entendre mes propos dans votre langue maternelle par le truchement d'un casque audio, et vous êtes obligés de prendre des notes si vous voulez garder une trace écrite de ce que je vous raconte.*

Pourquoi ce scénario ? Parce que dans les années 1950, donc une quarantaine d'années plus tôt, on commençait à entrevoir ce type d'applications pour l'ordinateur. Il était alors utilisé surtout comme calculateur, dans des applications essentiellement militaires, industrielles et spatiales telles que la balistique, les calculs de trajectoires, l'industrie nucléaire, l'aéronautique, la météo et toutes ces choses qui demandent énormément de calculs. Mais les ingénieurs imaginaient aussi de pouvoir l'utiliser dans d'autres applications. La faisabilité d'un système capable de résoudre les problèmes les plus généraux (*General Problem Solver*) a fait l'objet de nombreuses recherches. Et la fin des années cinquante et le début des années soixante ont aussi été l'époque des grands programmes spatiaux. L'URSS était pionnier dans ce domaine, avec le Spoutnik, le premier engin envoyé par les hommes dans l'espace et capable d'émettre des informations depuis là-haut. Avides de profiter des progrès des Soviétiques sur ce sujet, et surtout désireux de les surpasser, ne fût-ce que pour des raisons idéologiques, les Américains se sont attaqués au problème de la traduction automatique.

La traduction est évidemment un problème fondamentalement différent de celui qui consiste à calculer des masses, des volumes, des vitesses, etc., c'est-à-dire des valeurs numériques. Là, les données ne sont plus des nombres, mais des suites de mots composés de caractères alphabétiques, entrecoupées de ponctuation. Chaque mot peut être transcrit numériquement, il suffit pour cela de lui affecter une valeur numérique (codage), de numériser un dictionnaire et de retranscrire à nouveau les mots dans la langue cible. Mais cette opération ne permet d'effectuer qu'une traduction mot à mot, ce qui n'est évidemment pas suffisant. Il faut ajouter des codes pour exprimer des règles grammaticales (accords des mots, conjugaison des verbes, déclinaison des noms, etc.) ; il faut tenir compte du contexte pour trouver l'équivalent exact d'un mot possédant des homonymes, prendre des expressions comme un tout et les transposer, reconnaître des allusions, des éléments culturels implicites, etc. Chacune de ces opérations représente déjà un problème complexe, mais réalisable. Toutefois, même les programmes qui affirment intégrer toutes ces informations donnent des résultats décevants. Les exemples, plus ou moins véridiques, des pièges de la traduction automatique sont légion. On raconte qu'après un aller-retour entre français et russe, la phrase *« l'esprit est fort, mais la chair est faible »* est devenue *« la vodka est bonne, mais la viande est pourrie »* ; qu'une machine à traduire de l'anglais au chinois, partant de la devise *« Out of sight, out of mind »* (« Loin des yeux, loin du cœur »), a généré une expression chinoise signifiant *« Invisible idiot »* ! Nous pourrions encore évoquer les nombreuses notices d'appareils fabriqués en Asie, dont le mode d'emploi dans une langue européenne est parfaitement saugrenu.

A ce jour, après plus d'un demi-siècle de recherche, la traduction automatique, et plus généralement le traitement du langage naturel, ne donne pas encore des résultats complètement satisfaisants. C'est que, pour faire une bonne traduction, il faut de l'**intelligence**, c'est-à-dire une certaine capacité à raisonner. Un concept bien difficile à définir, une fonction délicate à cerner et à reproduire, et un problème fondamental sur lequel se sont penchés les chercheurs en intelligence artificielle.

## Un essai de définition de l'intelligence artificielle

Signalons en préambule que le terme « intelligence artificielle » (*Artificial Intelligence*) a été inventé par l'Américain John McCarthy. A ses débuts, ce terme a suscité de vives polémiques quant à la possibilité d'appliquer l'intelligence, cette caractéristique des êtres pensants, à des machines. Notre propos n'est pas ici d'entrer dans ce débat, que nous considérons d'ailleurs comme un combat d'arrière-garde. En effet, il ne s'agit nullement d'une sorte d' « intelligence » qui serait synthétisée par l'ordinateur et il faudrait être un « savant fou » pour chercher à ravir cette particularité de l'homme qu'est l'intelligence pour l'incarner dans un objet mécanique ou électronique.

Avant d'aborder le fonctionnement de la pensée humaine, nous commençons donc par nous intéresser à celui des ordinateurs. A l'origine, l'ordinateur n'est autre qu'un calculateur évolué, comme en témoigne le terme anglo-saxon *computer*, venant d'un ancien mot français relatif aux comptes. Lorsque, dans la suite de ce développement, nous parlerons d'ordinateurs, nous entendrons ce terme au sens large, sachant que le fonctionnement de tous les dispositifs électroniques que nous utilisons, du téléphone mobile au lave-linge, en passant par l'automobile et les moteurs de recherche, est régi par un ordinateur qui constitue le cœur de ces dispositifs.

L'ordinateur est un outil particulièrement intéressant pour aborder le sujet du raisonnement qui nous occupe ici car, dans la mesure où il est utilisé pour résoudre ou aider à résoudre des problèmes, il permet de comprendre ce que nous entendons par « raisonnement » en obligeant à décomposer celui-ci, ainsi que les capacités dont un individu (ou une entité) doit être doté pour raisonner. Capacités que nous désignons sous le terme générique d'« intelligence », sans prétendre définir ce dernier terme.

Pour schématiser, il existe trois manières de poser un problème et de le résoudre ou le faire résoudre par un ordinateur :

(1) Étant donné des valeurs numériques définies, le problème consiste à calculer une valeur dérivée. Par exemple, nous connaissons les dimensions d'un cube et sa densité, et voulons obtenir sa masse. Nous appliquons une formule, remplaçons les paramètres par des valeurs numériques et obtenons un et un seul résultat. C'est le calcul numérique.

(2) Étant donné un problème que nous savons résoudre, et dont la résolution consiste dans une suite d'opérations (algorithme), à chaque jeu de données en entrée correspond une donnée en sortie, après application de la formule ou de l'algorithme. C'est le calcul formel ou algorithmique.

(3) Étant donné une catégorie de problèmes dans un certain domaine de compétences, nous ne connaissons pas a priori la manière de le résoudre (traitement, suite d'opérations ou algorithme), mais savons quelles sont les lois ou les règles (base de connaissances) qui régissent ce domaine. Nous entrons dans le domaine de l'« intelligence ».

A partir de ces trois problèmes se dégagent les différents types de traitements automatiques. Le premier est résolu à l'aide d'une simple calculatrice (calculette). Le deuxième fait l'objet d'un traitement informatique classique, c'est-à-dire d'un programme algorithmique ou procédural. Le troisième problème peut également être résolu par traitement informatique, mais d'un type spécial que l'on désigne par

« intelligence artificielle » (IA), « système expert » ou « système à base de règles » ; une règle s'énonce souvent sous la forme « si $P_1$, alors $P_2$ » ; c'est un mode de raisonnement classique, appelé « inférence », qui consiste à *inférer* une nouvelle proposition $P_2$ (conclusion) à partir d'une proposition initiale $P_1$ (prémisse).

Le cœur d'un programme d'IA est une sorte de programme informatique appelé « moteur d'inférence », qui consiste à articuler les propositions entre elles. Ainsi, un programme d'IA peut se dérouler des prémisses vers les conclusions (chaînage avant) ou des conclusions vers les prémisses (chaînage arrière), ce dernier mode servant à vérifier si une situation finale est possible et quelles conditions initiales doivent être remplies à cet effet.

Un tel programme simule une forme d'intelligence, dans la mesure où il n'exécute pas une séquence d'opérations définie a priori par le programmeur, mais grâce à son « moteur d'inférence », qui se charge d'enchaîner les règles de la base de connaissances à partir d'une situation donnée en entrée (base de faits), il parvient à une situation finale en sortie, en réponse à la situation initiale. La sortie correspond à la résolution du problème, ce dernier étant exprimé dans la base de faits. Pour cela, le programme peut procéder par tâtonnement, en avançant pas à pas vers la solution comme s'il naviguait dans un labyrinthe, revenant en arrière dès qu'il se heurte à une impasse. La principale difficulté de ce type de procédure réside dans le fait que, pour beaucoup de problèmes, le nombre de chemins possibles vers la solution est excessivement grand, c'est la fameuse « explosion combinatoire ». Pour limiter l'espace de recherche, plusieurs pistes ont été explorées. Dans certains cas, le programme trouve *par lui-même* la manière de résoudre le problème, d'où le nom de ce type de programmation : « heuristique » (du grec ευρισκειν, *euriskein*, trouver). Dans d'autres cas, le programme calcule l'action optimale à effectuer dans une situation donnée pour parvenir à une solution. Ce dernier type d'approche s'appuie sur des théories plus anciennes, comme la cybernétique (du grec κυβερνησις, *kubernèsis*, action de gouverner, de diriger à l'aide d'un gouvernail), conçue par Norbert Wiener dans les années 1940 et développée par McCulloch et Pitts. Ces programmes peuvent être complétés par des capacités d'apprentissage ou de reconnaissance – notions nécessitant une certaine intelligence. Par exemple, la loi d'apprentissage de Hebb et le perceptron de Rosenblatt dans les années 1960, et les réseaux de neurones formels de Hopfield dans les années 1980, ont été utilisés pour la reconnaissance d'image ou plus généralement de signal.

D'une manière générale, l'IA se fonde sur l'hypothèse que le raisonnement humain est un processus qui peut être automatisé. Ses premières applications ont été la démonstration de théorèmes, la résolution de problèmes mathématiques, les jeux de stratégie (échecs), le déchiffrement de codes secrets, la traduction automatique, la reconnaissance de la parole, la compréhension de la langue naturelle, la vision et la reconnaissance d'images, la robotique... tous processus ou dispositifs nécessitant une certaine autonomie. Pour certaines de ces applications, les recherches commencées depuis plusieurs décennies n'ont toujours pas abouti à des systèmes réellement efficaces. Dans d'autres cas, comme le diagnostic médical ou mécanique, l'aide à la décision dans une situation bien définie, certains jeux de stratégie, bref dans les domaines où les connaissances sont explicites et peuvent être énoncées à peu près exhaustivement, les résultats sont assez concluants.

Par exemple, dans le jeu d'échec, les positions de toutes les pièces sont connues et les règles du jeu sont bien déterminées et complètes. Le but est de prendre le roi de l'adversaire, étant donné une situation initiale (l'état du jeu à l'instant $t$), avec une contrainte majeure : ne pas mettre son propre roi en échec. Le joueur peut se fixer des sous-but, par exemple prendre d'autres pièces sans se faire prendre des pièces de valeur supérieure, ce qui nécessite l'utilisation d'une fonction d'évaluation. Un programme pourrait, en théorie, traiter le problème de manière algorithmique, mais le processus serait extrêmement long : il faudrait calculer pièce par pièce et tour après tour le mouvement optimal parmi un nombre astronomique de mouvements possibles. D'où la nécessité de compléter le raisonnement d'IA par des capacités d'apprentissage, consistant d'une part à déceler les mécanismes de la partie adverse, et d'autre part à observer comment joue un très bon joueur et reproduire des tactiques dans diverses situations.

Depuis la fin du XX$^e$ siècle, les informaticiens ne parlent plus guère d'intelligence artificielle, même si celle-ci est omniprésente dans les dispositifs électroniques et notamment dans les interfaces homme-machine. Le terme proprement dit a d'ailleurs souvent posé problème aux théoriciens qui peinent même à définir l'intelligence tout court. Aujourd'hui, les utilisateurs d'ordinateurs, téléphones mobiles, tablettes et autres dispositifs dits *smart* n'en entendent pratiquement pas parler.

De toute façon, ce qui les intéresse, c'est que leur petite machine réponde à leurs besoins de la manière la plus conviviale possible, c'est-à-dire sans qu'ils aient besoin de modifier leur comportement pour s'adapter au fonctionnement d'un artefact.

## Algorithmique

En informatique, il est couramment question d'algorithmes, et l'algorithmique est à la base de tout programme informatique : un programme consiste à lire les données sur une source en entrée, ou un périphérique, à traiter ces données par un algorithme, et à écrire le résultat dans une structure de données en sortie, ou un périphérique. Bien avant l'apparition des ordinateurs, les mathématiciens utilisaient déjà les algorithmes aussi couramment que Monsieur Jourdain fait de la prose. De manière générale, toute action impliquant des décisions dans un certain ordre peut être mise sous forme d'algorithme. Une illustration banale de ce terme est la recette de cuisine : pour réussir un plat donné, il faut et il suffit de (1) disposer des ressources, c'est-à-dire les ingrédients (farine, sel, sucre, etc.) et le matériel (bol, fourchette, couteau, balance, batteur, four ou plaque chauffante, etc.), (2) suivre des instructions simples, données dans un certain ordre, l'ensemble des consignes constituant la recette en question, (3) attendre le résultat, ce qui peut prendre un certain temps. D'autres algorithmes très répandus sont : l'ordonnancement ou le classement suivant certains critères (par exemple l'ordre alphabétique) ; les opérations arithmétiques effectuées manuellement ; les opérations impliquant des unités de temps, avec conversion des secondes en minutes et des minutes en heures, ou inversement ; la résolution d'une équation polynomiale du deuxième degré du type $ax^2 + bx + c = 0$, où $a$, $b$, $c$ sont des nombres réels connus et $x$ est l'inconnue.

Il n'existe pas de définition universellement admise du mot « algorithme ». En voici quelques-unes, dont la plus générale : *« Un ensemble d'instructions pour résoudre un problème »* ; mathématiquement parlant, c'est *« Une suite finie et non ambiguë d'opérations ou d'instructions permettant de résoudre un problème »* ou bien *« Une prescription exacte, définissant un processus de traitement qui mène, à partir de données initiales variées, au résultat voulu... »* (Andreï Markov, 1954) ou encore *« Un ensemble de règles qui définit précisément une séquence d'opérations de sorte que chaque règle soit effective et définie et que la séquence se termine dans un temps fini »* (Marshall Harvey Stone, 1972) ; en informatique ou en robotique, c'est *« Un automate déterministe pour l'accomplissement d'un but qui, à partir d'un état initial donné, va s'achever dans un état final. »* Plus simplement et plus généralement, nous dirons qu'un algorithme est une manière d'exprimer, d'écrire ou d'expliciter précisément un raisonnement, en en énumérant toutes les étapes successives, dans la mesure où celles-ci sont accessibles, c'est-à-dire dans la mesure où le raisonnement peut se prêter à une telle décomposition en étapes, puis que celles-ci peuvent être exprimées, décrites, explicitées. Nous verrons par la suite que cette condition n'est pas remplie par tous les raisonnements.

Après cette tentative de définition, nous admettrons (d'après Knuth, 1968, 1973) qu'un algorithme est caractérisé par les propriétés suivantes :
1. Finitude : Un algorithme doit toujours se terminer après un nombre fini d'étapes.
2. Définition des étapes : Chaque étape d'un algorithme doit être définie précisément ; les actions à transposer doivent être spécifiées rigoureusement et sans ambiguïté pour chaque cas.
3. Entrées : Données avant qu'un algorithme ne commence, ces entrées sont prises dans un ensemble d'objets spécifié.
4. Sorties : Ce sont des quantités qui ont une relation spécifiée avec les entrées.
5. Rendement : Toutes les opérations que l'algorithme doit accomplir doivent être suffisamment basiques pour pouvoir être en principe réalisées dans une durée finie par un homme utilisant du papier et un crayon.

Trois propriétés complémentaires (d'après A. A. Markov, 1954) déterminent le rôle d'un algorithme en mathématique :
6. Définition rigoureuse : La prescription doit être précise, ne laissant aucune place à l'arbitraire, et universellement compréhensible.
7. Généralité : L'algorithme peut démarrer avec des données initiales, pouvant varier dans des limites définies.
8. Conclusion : L'algorithme est orienté dans la recherche d'un résultat voulu, qui doit être obtenu à partir de ses données initiales propres.

## Raisonnement et informatique

La décomposition du raisonnement en algorithmes a permis le développement de l'informatique, de même que la formalisation du raisonnement, et en particulier la logique formelle, a fourni l'essentiel des avancées qui a rendu possible l'IA. Les premiers ordinateurs ont même été appelés « cerveaux électroniques ». Or le présent traité n'étant pas un manuel d'informatique ou d'IA, nous n'allons pas nous étendre sur ces applications, mais, à l'opposé, souligner ce que l'informatique et surtout l'IA ont apporté à l'étude de la pensée humaine et du raisonnement.

Les algorithmes peuvent être transcrits sous diverses sortes de notations :
- La transcription en langage naturel tendant à être verbeuse et ambiguë, elle est rarement utilisée pour les algorithmes complexes.
- Les pseudocodes et organigrammes sont conçus pour éviter ces ambiguïtés et sont indépendants de toute implémentation.
- Les langages de programmation servent à décrire les algorithmes sous une forme standard, susceptible d'être traitée par ordinateur.

Le truchement de l'ordinateur et de l'informatique est aussi un moyen de prendre du recul par rapport à notre propre pensée : le raisonnement – toutes proportions gardées, sachant que l'ordinateur ne « pense » ni ne « raisonne » par lui-même – devient dès lors un objet que nous pouvons contempler et analyser de l'extérieur. L'objet de ce premier chapitre est d'amener le lecteur à s'interroger sur le fondement même de sa propre pensée, de son intelligence, de sa mémoire, des mécanismes du raisonnement humain.

# CHAPITRE 2.

> « *Si tout sur Terre était rationnel, rien ne se passerait.* » (Fiodor Dostoïevski)

**Raison et logique, le latin et le grec**

Avant d'entrer dans le vif du sujet, il importe de rappeler des définitions de termes fondamentaux pour notre étude, auxquelles il sera fait référence tout au long de cet ouvrage. Notamment les mots de « raisonnement » et de « logique ». Le premier est dérivé de « raison » auquel se rattache l'adjectif « rationnel ». Ces termes sont issus du latin *ratio*, dont le premier sens est « calcul », « compte », et les sens dérivés « méthode », « procédé », puis « raison », « raisonnement », enfin « domaine », « champ ». En français, le « ratio » est un rapport de deux nombres ou de deux quantités de même nature, ou bien une proportion.

Le second, « logique », a pour étymologie le grec λογος (*logos*), lui-même dérivé de λεγειν (*legein*, « parler »), qui a pour sens premier « parole » ou « discours », et seulement comme deuxième sens « raison » ou « faculté de raisonner ». L'adjectif dérivé, λογικος (*logicos*), désigne ce qui est relatif à la parole ou au raisonnement. En découlent d'autres termes français comme « loi », mais aussi les suffixes « -logie » et « -logique » qui désignent respectivement « science » ou « étude », et l'adjectif relatif à cette science. Bizarrement, le terme « logique » seul, c'est-à-dire lorsqu'il n'est pas suffixe, est aussi bien un substantif qu'un adjectif. Nous reviendrons sur ce terme dans les chapitres 10 et suivants qui lui sont consacrés.

## Le mouvement de la pensée : la fin et les moyens

Dans le titre même de ce traité, nous ne saurions trop insister sur le qualificatif « dirigée » que nous appliquons à la pensée. Ce terme implique une direction (sans aucune connotation de domination ou d'autorité), un mouvement déterminé, un développement, une évolution, comme une flèche qui relie un point de départ à un point d'arrivée ou à un but que nous espérons atteindre, un chemin que parcourt la pensée entre deux « lieux ».

Le raisonnement nécessite de poser une fin et de mettre en place les moyens pour y parvenir, ou de suivre un chemin qui nous permettra d'atteindre cette fin. Démarche qu'un des grands théoriciens du raisonnement, Descartes, a développée dans son fameux *Discours de la méthode*. Le terme même de « méthode » employé ici, du grec μεθοδος / μετα-οδος (*methodos / meta-hodos*), fait référence à la notion de chemin, οδος (*hodos*). « Méthode », littéralement « après le chemin » ou « derrière le chemin », peut se traduire par « le chemin qui mène à ce qui vient après » ou « au-delà du chemin », ou encore « le chemin qui mène à l'étape suivante ». Le substantif grec lui-même a deux sens : (1) celui d'étude méthodique d'une question de science, et (2) celui de voie détournée, fraude, artifice. Les philosophes grecs depuis Aristote et la plupart des penseurs européens se sont cantonnés à la première définition, et c'est bien celle-ci qui est développée dans l'ouvrage de Descartes. La seconde acception du terme a été négligée en 0ccident, mais nous y reviendrons à la fin de cet ouvrage (chapitre 15).

Martin Heidegger semble être celui qui a étudié le plus profondément cet aspect que nous avons appelé « la pensée dirigée » ou « la pensée en mouvement » : « *Poser des fins, constituer et utiliser des moyens, sont des actes de l'homme* », affirme-t-il au sujet de la technique. Le propos est valable également pour la pensée. Rappelons ici la réflexion de Pascal Picq citée dans le prologue de ce traité : « *Les gestes impliqués dans les chaînes opératoires, dont la séquence se tend vers un but, le biface, sont tout à fait homologues d'un point de vue cognitif à la construction des phrases dans le langage humain.* »

Ce mouvement de la pensée peut aussi être compris, à l'inverse, comme une « prise en main » des moyens pour les orienter vers la fin que nous souhaitons. A cet égard, est exemplaire le recueil de stratagèmes réunis par Schopenhauer sous le titre *L'art d'avoir toujours raison*.

Les trois derniers textes des *Essais et conférences* de Martin Heidegger empruntent leurs titres respectivement aux philosophes grecs Aristote, Héraclite et Parménide : Λογος (*Logos*), Μοιρα (*Moïra*), Αληθεια (*Alèthéia*). Ces trois termes grecs, à la base de la philosophie classique, vont aussi nous guider au long de ce traité sur le raisonnement. Tous les trois dénotent des processus évolutifs, orientés, comme ce que nous avons appelé raisonnement : la parole (λογος) se déroule dans le temps ; la destinée (μοιρα) est la projection dans le futur ; la vérité, la franchise (αληθεια) est l'aboutissement d'une recherche, dont le mouvement ou le développement est rendu évident par le verbe apparenté, αληθειν (*alèthein*, « moudre »). Par ailleurs, dans sa préface à ce fameux traité, Heidegger souligne la parenté entre le mot « auteur » (*auctor*, en latin) et *augere*, signifiant augmenter, développer.

Même si certaines parties de cet ouvrage ne le mettent pas en évidence, ce mouvement de la pensée existe toujours, sous-jacent à toutes les formes de raisonnement et toute la matière que nous avons développée autour de notre sujet.

## Transcrire le raisonnement

A la fin du chapitre précédent, nous avons évoqué un type de mise en forme du raisonnement : l'algorithme. Nous étudions dans le présent paragraphe les différentes manières de transcrire le raisonnement, ou plus généralement les supports de la pensée humaine, afin de rendre le raisonnement ou la pensée intelligibles et éventuellement communicables. Ce dernier aspect sera plus amplement développé dans les chapitres 6 et 7.

La représentation de la réalité implique une symbolisation du monde, étape indispensable pour comprendre les objets du monde et éventuellement manipuler les symboles correspondants. Précisons ici le terme de symbole, dérivé du grec συμβολειν (*sumbolein*, « se rencontrer avec »), lui-même dérivé de συν + βαλλω (*sun* + *ballo*, « je lance avec ») de la même famille que συμβολη (*sumbolè*) signifiant « rencontre » (ajustement, jonction, carrefour, engagement), « convention » ou « contrat », et que συμβολον (*sumbolon*) signifiant « signe de reconnaissance ». Un symbole peut avoir de nombreux sens, qui dépendent de la culture dont il émane et du niveau de connaissance de son destinataire.

La représentation symbolique a généralement pour fonction de simplifier ou de rendre plus concise une vision ou une conception d'une réalité complexe. La carte géographique ne représente pas seulement une réduction d'une région, elle supprime certaines caractéristiques pour en faire ressortir d'autres, en nombre et densité très limités, afin d'optimiser la lisibilité de la carte. L'écriture alphabétique permet de composer à partir de quelques dizaines de signes une quasi-infinité de mots dans une langue donnée. Les scientifiques se sont emparés de cette volonté de simplification. Ainsi, les biologistes ont trouvé que tout être vivant peut être codé par l'ADN (acide désoxyribo nucléique) : basé sur une longue combinaison de seulement quatre molécules différentes, ce code permet d'identifier un être vivant de manière pratiquement univoque. De même, les physiciens ont cherché à décrire la matière, dans toute sa diversité, à partir d'un nombre limité de types d'atomes différents, et chaque atome peut, à son tour, être décomposé en un relativement petit nombre de particules dites élémentaires, lesquelles se ramènent à quelques paramètres ne pouvant prendre qu'un nombre de valeurs restreint.

L'utilisation de petits cailloux (*calculi*), de coquillages ou d'autres objets plus ou moins banals peut être considérée comme une forme de raisonnement, dans la mesure où ces objets sont des supports de calcul ou de comptabilité. L'introduction de monnaie pour représenter, symboliser et faciliter toutes sortes de troc peut être vue comme un support ou une trace de raisonnement partagé et agréé entre partenaires d'échanges commerciaux.

Les dessins retrouvés dans les grottes préhistoriques de Lascaux ou Chauvet sont-ils les ancêtres des idéogrammes ? des éléments de langage et donc des marques d'un embryon de raisonnement ? En tant que mode de représentation d'objets de la réalité, abstraction par rapport à cette réalité, ce sont déjà des modèles, des signes qui peuvent avoir un caractère symbolique. Comme une écriture, ou même comme un objet façonné par nos ancêtres du paléolithique, un dessin est un processus orienté vers un résultat qui est la forme souhaitée, et qui sera la forme finale si le processus a abouti.

Ces pictogrammes sont en nombre limité dans les premiers embryons d'écriture que nous ont légués les civilisations anciennes. Lorsque ces pictogrammes ont un caractère sacré, comme en Egypte où ils ornent les temples et les sépultures, ils sont appelés hiéroglyphes, du grec ιερος (*hieros*, « sacré ») et γλυφη (*gluphê*, « gravure »). Une combinaison de pictogrammes est appelé « idéogramme » dans la mesure où il exprime une idée. Par exemple, l'idéogramme chinois signifiant lumière combine les deux signes représentant le soleil et la lune. Certains pictogrammes sont assemblés pour être lus comme un rébus.

La combinaison de signes ou de pictogrammes implique un sens d'écriture et de lecture. Celui-ci peut être de gauche à droite, de droite à gauche, de haut en bas, circulaire, en spirale ou « boustrophédon » (du grec βους, « bœuf », et στροφή, « action de tourner »), c'est-à-dire en alternant le sens du tracé ligne après ligne, à l'instar du bœuf traçant des sillons dans un champ. Le simple fait d'écrire ou de lire dans un sens évoque immédiatement l'objet de notre étude : « la pensée dirigée », c'est-à-dire « orientée vers ». Le lecteur est capable de détecter le début et la fin de la phrase, donc le cas échéant l'hypothèse et la conclusion d'un raisonnement. Plus que la parole, l'écriture permet de reproduire le raisonnement, pour soi aux fins d'analyse, ou pour autrui en vue de convaincre. Maîtriser l'écriture, c'est détenir les moyens de « conquérir le monde », affirme Sartre dans *Les Mots*.

Outre le langage, nous évoquerons quelques-unes des représentations qui peuvent être utilisées pour illustrer le raisonnement. Sous réserve, toutefois, que le raisonnement soit explicite ou explicitable. Lorsque différents pictogrammes ou idéogrammes, ou autres représentations d'objets, sont reliés deux par deux ou plus, on parle de graphe, diagramme ou réseau. Les pictogrammes sont appelés « sommets » ou « nœuds », et les liaisons « arêtes ». Comme la liaison est orientée, elle peut être figurée par un symbole spécifique : la flèche. Celle-ci relie un « antécédent » à son « successeur », et chaque sommet, sauf le(s) premier(s), a au moins un antécédent direct.

Le raisonnement se prête ainsi à divers modes de représentation : graphes orientés, chaînes, arborescences, organigrammes, etc. Certains ont des applications précises, comme les réseaux bayésien, PERT ou de Petri, par exemple. Lorsqu'un sommet a un seul antécédent et un seul successeur directs, le réseau se réduit à une « chaîne ». Une arborescence, comme son nom l'indique, est un schéma évoquant un arbre comportant un sommet particulier, initial, nommé « racine de l'arborescence » à partir duquel il existe un chemin unique vers tous les autres sommets. Un « arbre de décision » représente le processus par lequel se prend une décision en explorant les différentes branches avant d'en éliminer un certain nombre (« élagage »), afin de n'en garder qu'une (ou éventuellement un petit nombre). Un organigramme est une sorte de réseau représentant de façon séquentielle les actions à mener et les décisions à prendre pour atteindre un objectif défini.

Exemple d'arbre de décision :

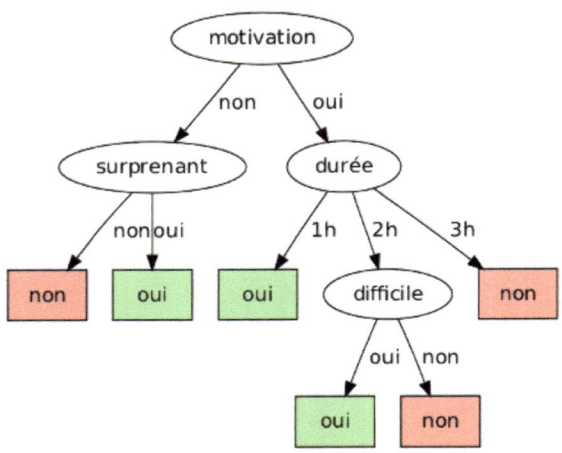

Exemple d'organigramme :

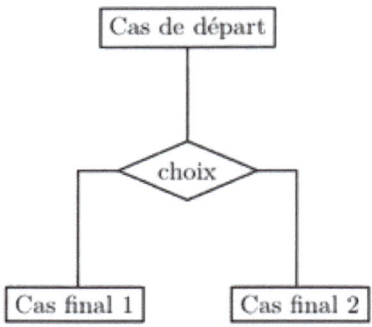

Même si le raisonnement est exprimé par le langage, par un algorithme, par un schéma ou tout autre *medium*, et n'est donc pas une activité « immédiate » de la pensée, nous ne nous attacherons pas au temps que peut prendre le raisonnement, à sa durée : cette durée nous paraît nulle lorsque nous reconnaissons un objet familier, alors qu'elle peut sembler démesurément longue lorsque nous effectuons une démonstration mathématique ou élaborons une théorie scientifique.

## Raisonnement et construction du monde

Le raisonnement vise à étendre le champ de connaissance ou d'intelligence, c'est-à-dire soit à produire, à partir de faits, observations ou autres données, des informations qui étaient absentes, ou du moins pas explicitement présentes, dans ces données, soit à expliquer ou expliciter les liens pouvant exister entre ces données.

Au cours de l'histoire de l'humanité, nous avons pu disposer d'instruments de plus en plus élaborés, qui nous ont permis d'élargir le domaine d'observation et d'affiner notre image du monde. Dans sa confrontation avec la nature, l'homme a d'abord observé des événements à son échelle : il a expérimenté les effets de la pesanteur, de l'inertie, de l'équilibre, sur son propre corps et sur les objets qui l'environnent. Il a appris à associer différents événements qui se succèdent toujours dans le même ordre temporel et a inventé des « principes » tels que la causalité, le déterminisme, la continuité... et des lois pour en rendre compte exactement. Il a ainsi édifié un corpus scientifique, structuré, cohérent qui, à terme, devait pouvoir expliquer tous les phénomènes naturels – la physique – et un langage pour exprimer ces faits – les mathématiques –, tel que nous le connaissons aujourd'hui, et dont le point de départ peut être situé à l'époque de Pythagore. Ce corpus se substituant progressivement à la nature dans la pensée humaine, comme le constate Georges Gusdorf (« Mythe et métaphysique ») : *« La raison triomphante se donne pour tâche de substituer au monde vécu, dans son incohérence, dans son opacité sensible, le monde intelligible d'un univers du discours. »* Le raisonnement fait ainsi le lien entre la nature et la science, entre la nature et la culture. C'est ce que font les anciens, notamment les Grecs Euclide et Ératosthène, en « inventant » la démonstration. Et ce que Heidegger entend par le verbe *stellen* dans le sens d'« interpellation » : *« Interpeller quelqu'un pour lui demander des comptes, pour l'obliger à* rationem reddere *»* [pour lui réclamer sa raison suffisante].

Peu à peu, l'homme a été confronté à d'autres types d'objets. Les mesures sont devenues plus indirectes, mais, par le biais des nombres, l'homme a pu utiliser les mêmes lois pour ces objets. C'est ainsi que Newton a pu expliquer le mouvement des astres célestes en leur appliquant la même loi que celle qui prévaut à notre échelle, à savoir la gravitation universelle. Cependant, en poussant trop loin vers l'infiniment grand et l'infiniment éloigné, l'homme a rencontré des phénomènes qui n'entraient plus entièrement dans le système scientifique précédent : la fuite apparente des étoiles lointaines, la « courbure » de l'espace-temps mise en évidence par les astrophysiciens débordaient le cadre des théories admises. A l'opposé, en allant vers l'infiniment petit, l'homme s'est heurté à des limites traduites par les fameuses « relations d'indétermination » de Heisenberg, qui s'appliquent aux particules de la microphysique. Les scientifiques ont cherché à étendre les lois classiques pour tenir compte de ces phénomènes à des échelles insolites. C'est ainsi que sont nées, presque simultanément, au début du vingtième siècle, la relativité (Albert Einstein) et la mécanique quantique (Max Planck), qui sont censées, chacune de son côté, compléter ces lois. Dès lors, ce bel édifice physique, qui culminait à la fin du XIX$^e$ siècle, s'est trouvé émietté en de nombreux fragment épars, dont chacun n'était applicable que dans un domaine restreint. Ces fragments, dans le meilleur des cas, sont reliés par des ponts artificiels, vacillants et branlants, comme celui qui existe entre mécanique quantique et relativité. Mais, la plupart du temps, ils s'ignorent, comme la physique dite classique, qui s'occupe de phénomènes et d'objets déterminés et déterministes, la biologie qui étudie l'interaction entre des êtres vivants et leur environnement, et la psychologie qui traite de sujets pensants, jouissant en principe du libre-arbitre.

Cette situation est très éloquemment décrite par Edgar Morin : « *Tout néophyte entrant dans la recherche se voit imposer le renoncement majeur à la connaissance. [...] On l'intègre dans une équipe spécialisée. [...] Désormais spécialiste, le chercheur se voit offrir la possession exclusive d'un fragment du puzzle dont la vision globale doit échapper à tous et à chacun. Le voilà devenu un vrai chercheur scientifique, qui œuvre en fonction de cette idée motrice : le savoir est produit non pour être articulé et pensé, mais pour être capitalisé et utilisé de façon anonyme.* » Nous sommes donc condamnés à nous placer dans l'un des compartiments d'une science morcelée, comme celle que décrit E. Morin, où toute spécialité s'étudie indépendamment des autres sous le prétexte que la somme des connaissances est trop vaste, et où le spécialiste, selon la définition de Bruno Lussato, est *« le genre d'homme que l'on envoie chercher de l'eau au puits et qui, rencontrant une licorne sur le chemin, n'y fait pas attention, parce que ce qu'il est allé chercher, c'est de l'eau et pas une licorne. »*

## Du cosmos au chaos

Il existe depuis Thalès une volonté d'unifier la totalité des représentations scientifiques du monde en un seul ensemble de lois qui rendrait compte de la totalité de l'expérience accessible à nos sens. C'est le « sophisme ionien ». Jusqu'à la fin du XIX$^e$ siècle, la science cumulait des résultats, des lois et des théories qui semblaient couvrir progressivement tous les domaines, telle une mappemonde de laquelle disparaissent les zones blanches. Or avec l'avènement de la mécanique quantique et de la relativité, les physiciens – malgré la détermination de certains, notamment Albert Einstein qui a consacré une partie de sa vie à rechercher sa fameuse « théorie unifiée » – se sont heurtés à un mur difficile à franchir dans la mesure où ces deux théories n'ont pas trouvé de compatibilité totale et satisfaisante. De plus, en microphysique, le nombre de « particules élémentaires » ne cesse de s'accroître sans que l'on sache vraiment à quoi sert chacune de ces particules ; l'univers s'étend et la quantité d'inconnues (« matière noire » et « énergie noire ») s'accroît avec la précision des observations. Avec Darwin, la biologie tente d'unifier le règne animal dans une histoire séquentielle qui se veut cohérente, à défaut d'être déterministe.

Même les mathématiques, qui semblaient échapper à cette inexactitude propre aux sciences de la nature, sont prises elles aussi dans la spirale de l'insatisfaction, dont l'exemple le plus flagrant est le théorème d'incomplétude de Gödel. Pareillement, en informatique, jusqu'au milieu du XX$^e$ siècle, les ingénieurs et experts en prospective de l'époque pensaient qu'il suffirait de quelques décennies pour résoudre avec l'ordinateur tous les problèmes qui sont posés à l'homme, que celui-ci sache ou non les résoudre. Ce qui n'a pas été réalisé à ce jour.

Contrairement à l'idée de « progrès » héritée des Grecs et reprise par Descartes et les cartésiens, notre connaissance du monde, idéalement représentée par un bel édifice scientifique, paraît donc échapper à toute régularité. Ainsi, même un système décrit par des lois très simples peut avoir un comportement très complexe. Par exemple, les lois de la mécanique définissent très simplement le mouvement d'un corps ou l'interaction entre deux corps. Dès qu'un troisième corps y est adjoint, les mouvements deviennent très compliqués et ne peuvent être décrits qu'approximativement, et à partir de quatre corps l'ensemble des interactions est pratiquement impossible à décrire. La sacro-sainte **causalité**, dont il sera plus largement question au chapitre 3, associée à son *alter ego*, le déterminisme, sont mis en défaut ; des phénomènes non linéaires apparaissent, la non-linéarité se caractérisant par le défaut de principe de superposition, l'absence de proportionnalité entre causes et effets, la sensibilité aux conditions initiales ; l'irréversibilité, garante d'une relative stabilité de l'univers, défie les lois de la physique classique.

Il en résulte un univers imprédictible, complexe, chaotique, où croît la part du **hasard**, comme si notre connaissance devait subir une régression par rapport aux siècles précédents. A l'époque de Newton, la complexité n'était qu'apparente, la nature étant composée d'éléments simples, obéissant à une dynamique régulière, déterministe et prévisible. Aujourd'hui, ce sont les phénomènes turbulents et aléatoires qui sont la norme, et la régularité qui doit être considérée comme marginale. Et comme nous ne pouvons rien dire – ou pas grand-chose – du chaos, nous invoquons le hasard (cf. chapitre 15). N'ayant pas de modèle du hasard, nous essayons de l'éliminer du raisonnement, ou bien nous le remplaçons par les probabilités ou les statistiques, pour lesquelles, là encore, nous avons élaboré des lois. Parce que nous admettons difficilement ce que nous ne maîtrisons pas, comme la mort ou la folie, les maladies incurables ou la guerre et autres tabous.

# CHAPITRE 3.

> *« Veiller à ce que rien ne survienne dans le ciel à notre insu. »*
> (Johannes Kepler)

## Causalité et raisonnement scientifique

Le raisonnement peut être assimilé à un mode d'organisation ou d'ordonnancement des connaissances. La causalité telle que nous l'entendons aujourd'hui est la relation nécessaire entre un ensemble de données, faits ou événements que nous appelons « cause » et un autre ensemble que nous appelons « effet ». C'est l'une des premières applications de cette organisation (ordonnancement). La notion de causalité nous permet de comprendre le monde, de lui donner un sens, comme nous l'avons dit au chapitre 2.

La relation de causalité peut être : (1) observée ou expérimentée (exemple : un objet lâché d'une certaine hauteur tombe) ; (2) déduite de la théorie (exemple : le mouvement de l'objet est décrit par les équations de Newton tenant compte de l'attraction terrestre) ; (3) admise (la loi de l'attraction terrestre).

Dès l'antiquité, la causalité joue un rôle prépondérant dans le raisonnement. Les Grecs ont deux termes pour traduire cette idée, avec deux acceptions différentes : (1) le principe premier, αρχη (*archè*) qui est le point de départ, vers lequel il faut remonter pour expliquer l'effet ; (2) la raison, le motif, αιτια (*aïtia*), qui *répond à* la question « pourquoi ? » – c'est-à-dire à une question qui demande une explication ou une démonstration, donc une forme de raisonnement – ou qui *répond de* quelque chose – c'est-à-dire qui porte la responsabilité de cette chose. L'autre origine du terme « cause », du latin *causa*, rattache cette notion au verbe *cadere*, « tomber », étymologie qu'il partage avec « occasion ». Il signifie, comme le rappelle Schopenhauer, *« ce qui fait en sorte que quelque chose dans le résultat 'échoie' de telle ou telle manière. »* Ces considérations montrent à quel point la causalité est un concept lié aux langues européennes, et, comme tel, admis comme nécessaire et évident ; en particulier, ces langues distinguent deux modes, actif et passif, le mode passif impliquant l'existence d'un agent, un auteur, donc une cause.

Les premiers traitements de la causalité relient ce concept à celui d'explication. C'est l'avis de la plupart des philosophes, depuis Aristote. Pour celui-ci, la cause, *« le moyen terme dans la démonstration »*, est une notion métaphysique complexe qui sert à organiser le réel. Il distingue quatre types de causes : la cause matérielle (la matière qui constitue une chose) ; la cause formelle (l'essence de cette chose) ; la cause motrice, efficiente ou initiale (ce qui produit la chose) ; la cause finale ou téléologie (ce en vue de quoi la chose est faite). Cette typologie est exposée dans plusieurs ouvrages, et en particulier dans *Physique* (II, 3-9) : *« La première, qui se rapporte à l'essence de la chose ; la seconde, qui fait que, du moment que certaines circonstances existent, il faut nécessairement que la chose soit ; la troisième, qui est pour la chose le principe du mouvement ; et la quatrième enfin, qui est le but, en vue duquel la chose a lieu. »* La troisième, cause efficiente, correspondant à un « facteur déclenchant », se rapproche de notre acception actuelle de la causalité, alors que la quatrième, cause finale, exprime ce en vue de quoi une chose est faite, le but que l'on se donne, l'intention, donc plus proche de ce que nous pourrions désigner par le processus du raisonnement lorsque celui-ci vise à prouver une conclusion donnée d'avance. Le principe de causalité a été repris par Thomas d'Aquin qui l'a appliqué, dans ces quatre acceptions, à la démonstration de l'existence de Dieu par la « raison naturelle ».

C'est seulement à partir de Descartes et avec le développement des sciences exactes et notamment de la physique galiléenne que la notion de cause se réduit à celle de cause motrice ou efficiente, à savoir la cause liée à un effet, et que la causalité se détache nettement comme argument d'explication, sinon de démonstration. La causalité triomphe réellement avec Leibniz et son « principe de raison suffisante » : dans sa formulation originelle, ce principe philosophique (ou axiome) affirme que *« jamais rien n'arrive sans qu'il y ait une cause ou du moins une raison déterminante, c'est-à-dire qui puisse servir à rendre raison a priori pourquoi cela est existant plutôt que non existant et pourquoi cela est ainsi plutôt que de toute autre façon. »*

Ce qui conduit à une escalade, un emboîtement, de relations de causalité *ad infinitum* – à moins que l'escalade, la remontée des causes, s'arrête à une cause ultime, *causa prima* : « *Dieu lui-même est représenté dans la théologie comme* causa prima, *comme la première cause. Finalement, à la suite de la relation cause-effet, la succession se pousse au premier plan, et avec elle l'écoulement temporel. Kant connaît la causalité comme une règle de succession »*, écrit Martin Heidegger (*Essais et conférences*). Le même auteur compare la causalité à l'arraisonnement, celle-ci *« ne présente plus maintenant, ni le caractère du* Hervorbringendes Veranlassen [faire-venir producteur] *ni le mode de la* causa efficiens, *encore moins celui de la* causa formalis. *La causalité paraît se rétracter et n'être plus qu'une notification provoquée de fonds à mettre en sûreté tous à la fois ou les uns après les autres. »*

Pourtant, même lorsqu'il s'appuie sur la causalité, le raisonnement est parfois faussé pour justifier, souvent *a posteriori*, certaines propositions, thèses ou décisions, ou certains jugements, notamment dans les domaines scientifique, politique ou économique, lorsqu'il établit de fausses relations de cause à effet, ou qu'il inverse cause et effet. Ainsi, David Hume a identifié trois facteurs perçus à tort comme relation causale entre deux événements $A$ et $B$ : la contiguïté (proximité spatiale et temporelle), la similarité et la co-occurrence de $A$ et $B$.

## La finalité, déclinaison de la causalité

A l'époque d'Aristote, et plus généralement chez les philosophes grecs classiques, la finalité n'est ainsi qu'une déclinaison de la causalité. Selon la conception aristotélicienne de cause finale, il y a enchaînement et consécution logique assurés par la finalité posée d'emblée. Ainsi, « la nature a horreur du vide » est une loi imposée par la finalité. De même que la causalité, la finalité s'inscrit dans une suite orientée, temporelle, et limitée dans le temps et dans l'espace. La finalité s'appuie sur l'extrémité opposée de la relation de causalité ; la fin ou le but (τελος, *télos*) est ce qui tend vers, l'aboutissement. « *Là où des fins sont recherchées et des moyens utilisés, où l'instrumentalité est souveraine, là domine la causalité* », énonce Heidegger (*Essais et conférences – La question de la technique*).

En Occident, la finalité reste le principal argument de l'éthique. Leibniz n'en abandonne pas l'idée, qui est implicite dans la Monadologie (§ 48) : « *la Puissance qui est la source de tout, puis la Connaissance qui contient le détail des idées, et enfin la Volonté qui fait les changements ou productions selon le principe du meilleur.* » En Chine, en revanche, à l'exception d'une branche de l'école moïste, fondée par Mozi, la notion de finalité est rejetée, comme l'explique François Jullien (*Nourrir sa vie – à l'écart du bonheur*) : « *Même la stratégie, en Chine, n'est pas guidée par la finalité. [...] Le succès est de l'ordre, non du but, mais du résultat, tel le fruit mûr prêt à tomber. Du point de vue syntaxique, le rapport que privilégie la pensée chinoise, de façon générale, est celui de la consécution ; le chinois ne dispose pas du régime des cas et de la panoplie des prépositions qui, en grec, ouvrent largement l'éventail de la finalité.* » Et il ajoute que la pensée chinoise n'a pas érigé la finalité, et le motif de la cible ou du but qui lui correspond, « *en concepts explicatifs à partir desquels s'établirait une cohérence.* » Quant au but, « *c'est seulement en ne le visant pas qu'on peut laisser l'effet abondamment découler : qu'on peut laisser l'effet procéder.* »

Plus loin, François Jullien cite Zhuangzi qui « *fait basculer de la logique de la finalité dans celle de la conséquence.* » C'est-à-dire une évolution sans destination, la processivité sans la prédication. « *Ce qui caractérise un processus et rend sa pensée décisive, au point qu'elle a fait véritablement coupure dans l'histoire de la philosophie, est qu'il échappe à la pensée du but : un processus ne vise à rien, il ne tend pas vers une fin conduisant son déroulement, mais par sa régulation s'entretient, il se poursuit – le procès continue. [...] Ou, par sa dérégulation, le procès s'obstrue, ou dérape et aboutit à sa disparition. Un procès, en effet, ne conduit pas à, mais il aboutit à, et se mesure à son résultat. [...] C'est pourquoi, quand ils réintroduisent la finalité, les penseurs européens me paraissent se réinstaller dans des schémas métaphysiques, architectoniques et légitimants, qui les font dévier de ce qu'ils réussissaient pourtant à analyser de l'Histoire ou de la vie psychique. Aussi me paraît-il instructif, en tout cas riche d'éléments indicatifs, de comprendre pourquoi la pensée chinoise n'a guère* développé l'idée de la finalité. […] Même la stratégie, en Chine, n'est pas guidée par la finalité. […] Leur général ne se fixe pas d'objectif particulier, arrêté, et même à proprement parler n'a pas de visée, mais évolue en exploitant continûment à son 'profit' le potentiel de situation qu'il a su détecter. »* (François Jullien, op.cit.)

## Les rôles de la causalité et de la finalité

Tandis que la causalité s'impose dans le champ scientifique, dans le même temps la finalité est reléguée au rang des pseudo-sciences divinatoires. Il conviendrait de nous interroger sur le fait que nous privilégions la causalité sur la finalité, alors que la plupart de nos actions sont conditionnées non par la première, mais par la seconde. S'il ne s'agissait que de causalité, nos comportements seraient entièrement déterminés par les circonstances extérieures, alors que le libre-arbitre impose que nous décidions librement des actions que nous menons ou des buts que nous visons (cf. chapitre 5). Sans que cela soit exprimé clairement, c'est bien la finalité qui guide l'action. En effet, comment penser la conduite si ce n'est par la finalité ? D'ailleurs, pour revenir à une remarque empruntée à Pascal Picq, déjà cité dans le prologue, nous soulignons l'analogie avec sa description du travail de l'homme du paléolithique : *« les gestes impliqués dans les chaînes opératoires, dont la séquence se tend vers un but. »*

Outre ce rôle important que joue la finalité dans le raisonnement proprement dit, nous devons lui accorder une place particulière car – comme vision, visée, théorie, ainsi qu'il sera expliqué au chapitre 4 (De l'observation à la théorie) – elle intervient souvent en amont du raisonnement. Comme nous l'avons déjà évoqué, le point de départ d'un raisonnement, de l'invention d'une théorie ou d'une loi, de la démonstration d'un théorème, de l'énoncé d'un diagnostic, est souvent une idée intuitive. C'est cette idée qui constitue en quelque sorte une « fin » vers laquelle la pensée est dirigée. Ensuite, le raisonnement sert à articuler les arguments pour aboutir à cette fin posée *a priori*.

De même que la causalité, nous pouvons dire que la finalité met la pensée en mouvement. Mais c'est surtout la finalité qui oriente ce mouvement dans une certaine direction, qui lui donne son orientation, son sens. La finalité est ainsi le moteur de la pensée dirigée, le moteur du raisonnement.

## Le sens du raisonnement

L'expression même de « pensée dirigée » sous-entend que nous donnons un sens, géométriquement parlant, à la pensée. Ce sens étant celui du temps puisque notre pensée s'inscrit dans le temps, le raisonnement – la pensée dirigée – est, du fait de sa relation étroite au temps, une démarche fondamentalement irréversible. En effet, le raisonnement est un enchaînement qui mène de la cause à l'effet, de l'hypothèse à la conclusion, des moyens à la fin. Dans le premier cas, il apporte une nouvelle connaissance, un fait nouveau, qui est l'effet subséquent à la cause, la seule connue au départ. Dans les deuxième et troisième cas, l'élément nouveau est l'ensemble des moyens, et leur organisation, mis en œuvre pour atteindre la conclusion, la fin, le but connu d'avance ou présumé ; c'est le cas de la démonstration.

Ainsi, dans la mesure où il ajoute une ou des connaissance(s) à un corpus préexistant, à moins qu'il s'agisse de tautologie, l'état final, ou résultat du raisonnement, est nécessairement différent de l'état initial. Prenons un exemple très simple : supposons que nous connaissions l'heure de départ d'un point $A$ d'une voiture et sa vitesse moyenne, un raisonnement simple nous permet de savoir l'heure approximative de son arrivée au point $B$ qui est sa destination ; au début du raisonnement, nous ne connaissons que l'heure de départ et la vitesse, à la fin, nous connaissons l'heure de départ, la vitesse et l'heure d'arrivée.

En outre, le raisonnement est un cheminement qui conduit de l'hypothèse (état initial) à la conclusion (état final), et non l'inverse. S'il peut arriver que l'on parte de la conclusion pour aboutir à l'hypothèse, ce ne sera jamais par le même cheminement. Si le raisonnement part d'un état $A$ pour aboutir à un état $B$, celui qui ferait passer de l'état $B$ à l'état $A$ est d'une autre nature. Plus explicitement, si le raisonnement va des hypothèses aux conclusions, on parle de « chaînage avant » ; s'il part des conclusions pour aboutir aux hypothèses, on parle de « chaînage arrière » (cf. chapitre 10). Par exemple, une démonstration directe fonctionne en chaînage avant ; une démonstration par l'absurde en chaînage arrière. De même, une cause entraîne un effet, mais à partir de l'effet nous pouvons éventuellement inférer une ou plusieurs des causes (probables).

David Hume a formalisé cette relation en avançant l'axiome selon lequel toute cause précède son effet (*Enquête sur l'entendement humain*). Celui-ci a été repris par Kant, qui l'a élevé au statut de jugement synthétique *a priori*, n'ayant besoin d'aucune preuve empirique pour être démontré en tant que nécessairement vrai. Une cause est exprimée pour expliquer ou pour montrer que quelque chose est ou a été en quelque sorte nécessaire. Toutefois, le philosophe britannique Michael Dummett a remis en question cet axiome dans l'un de ses articles célèbres (*Can an Effect Precede its Cause ?*, publié en 1954 in Proceedings of the Aristotelian Society), où il envisage la possibilité de la **causalité inversée**, c'est-à-dire une relation où l'effet précède la cause. Avant lui, certains philosophes et théologiens ont abordé cette question, notamment le jésuite Luis Molina, en relation avec la prière rogatoire rétrospective (par exemple, « je prie aujourd'hui pour qu'un événement n'ait pas eu lieu hier »).

En admettant la possibilité qu'une cause future ait un effet au passé, la causalité inversée disjoint la causalité du sens ordinaire du temps, laquelle découle d'une conception réaliste du temps : si l'effet précède sa cause, il existait réellement au moment où il a eu lieu ; il n'a pas été créé de toutes pièces, après coup, par la cause future. Il s'agit d'un problème proche, mais distinct, des spéculations sur le voyage dans le temps. La causalité inversée ne présuppose pas qu'il est effectivement possible de changer le passé. Il faut en effet distinguer entre le fait qu'une cause future puisse influencer le passé, et le fait de changer le passé, comme le proposait Molina. Accepter la causalité inversée, ce n'est qu'admettre la première possibilité, et non la seconde, laquelle semble irrationnelle (déraisonnable) aux yeux de tous les philosophes.

## La pensée contrainte

Nous voyons ainsi que la pensée est « poussée » par la causalité, et « tirée » par la finalité, la fin, la visée, le but. Nous pouvons poursuivre cette analogie avec l'idée de déplacement : entre son point de départ et l'arrivée, la pensée raisonnante suit un cheminement qui peut être droit, direct, ou passer par des embranchements, s'élargir ou se rétrécir à certaines étapes, mais jamais elle ne part en tous sens. Le raisonnement est une pensée contrainte, nous ne savons pas encore par quoi, mais qui ne peut pas vagabonder, errer de manière chaotique. Nous avons déjà vu que c'est une pensée ordonnée, organisée. C'est ce qui distingue le raisonnement d'autres modes de pensée comme la rêverie, la méditation, la folie, l'imbécillité, etc.

Si tout raisonnement part d'une hypothèse (condition initiale) pour aboutir idéalement à une conclusion (conséquence finale), les différentes formes de raisonnement se distinguent par les contraintes qu'elles imposent à la pensée. Ces contraintes sont particulièrement bien définies en logique, c'est pourquoi la logique est souvent considérée comme la forme suprême du raisonnement, quand ce n'est pas le seul raisonnement reconnu comme tel (cf. chapitre 10 et suivants).

C'est parce que ces contraintes sont réputées connues, que l'on peut, dans une certaine mesure, formaliser le raisonnement, notamment logique (cf. chapitre 11), ou le coder sous forme d' « intelligence artificielle » (cf. chapitre 1).

# CHAPITRE 4.

> « *Descartes expliquait tout et ne calculait rien, Newton calculait tout et n'expliquait rien.* » (René Thom)

**Raison du raisonnement**

Voir, comprendre, juger, classer, décider, apprendre, prévoir, s'adapter… Il existe de nombreuses applications du raisonnement, depuis la formation ou l'identification de concepts, jusqu'au processus de jugement ou à la prise de décision, en passant par la compréhension de l'interlocuteur (dans la lecture ou l'interaction verbale), la résolution de problèmes, la formulation et le test d'hypothèses. D'après les plus anciennes traces de civilisation, il apparaît que les hommes ont posé des questions et ont cherché à y répondre, se sont efforcés de connaître ce qu'ils observaient, d'agir sur leur environnement. D'un côté la connaissance, le dévoilement, de l'autre l'action, c'est-à-dire la vie. D'un côté les entrées, de l'autre les sorties. Entre les deux, dans le cas d'une machine, le traitement. Dans le cas de l'homme, le raisonnement. Une faculté de l'intelligence, de la « raison », propre à l'humain.

Connaissance et vie/action sont deux éléments fondamentaux pour l'humanité. Le livre de la Genèse, dans la Bible, fait état de deux arbres dans le jardin d'Eden : l'arbre de la connaissance et l'arbre de la vie. L'histoire récente montre comment les hommes ont cherché à maîtriser la connaissance (encyclopédies, ordinateurs, aujourd'hui internet) et à simuler la vie (machines, automates, robots). Le Golem, personnage mythique de la tradition juive, associe ces deux éléments : le mot (marque de la connaissance) inscrit sur le front de ce colosse d'argile lui donne vie, lui permet de marcher, d'avancer, d'agir.

## Raisonnement et réalité

Avant d'aborder le raisonnement proprement dit – et les termes de même famille, raison, rationnel –, nous allons ouvrir une parenthèse pour évoquer quelques éléments qui ne font pas partie du raisonnement mais y sont intrinsèquement liés ; ce sont notamment l'**observation**, la **connaissance**, l'**apprentissage** et la **mémoire**. Cependant, même s'il est question d'observation du monde réel et de connaissance de la réalité, il ne faut jamais perdre de vue que le raisonnement est un processus, un mouvement de la pensée, un enchaînement d'idées, qui ne préjuge pas de la « réalité » des prémisses ou des conclusions, ni d'un quelconque « réel » sur lequel porte le raisonnement.

Nous soulignons ici la distinction entre « vrai » et « réel », « vérité » et « réalité ». Il sera d'ailleurs question de vérité plus loin, au chapitre 6. Lorsque nous parlons de connaissance du monde réel, c'est seulement pour indiquer à quoi peut servir le raisonnement, mais nous n'exprimons nullement de jugement de valeur sur cette connaissance. Les notions de « vrai » ou « juste » se rapportent exclusivement au raisonnement. A aucun moment nous ne dirons qu'une pensée ou une idée ne correspond pas à la réalité, et cela même si nous empruntons des expressions aux domaines de la physique, de la psychologie et d'autres sciences expérimentales. Par exemple, lorsque nous citons (chapitre 9) le modèle atomique de Rutherford, ce n'est pas pour l'approuver ou le réfuter, mais seulement pour mettre au jour les mécanismes de pensée qu'il applique.

## En deçà du raisonnement

Pouvons-nous faire l'économie du raisonnement ? Autrement dit, le monde dans lequel nous vivons, avec ses « lois naturelles », les mécanismes de l'économie et de la politique qui gouvernent les peuples, les données psychologiques, les principes moraux, vitaux ou autres qui nous mènent, ne peuvent-ils pas pallier toute pensée organisée et intentionnelle ? La pensée mythique, la révélation prônée par les religions, le *kōan* (qui se traduit par un jeu de questions-réponses immédiates et absurdes) dans le bouddhisme zen, la superstition, l'acceptation du hasard ou la reconnaissance d'une autorité absolue, terrestre ou divine, l'habitude, l'instinct ou l'acte réflexe « court-circuitent » tout raisonnement. Les choses, les événements, le monde, l'univers sont alors donnés de manière indiscutable, incontestable, donc sans laisser de place au raisonnement. Le mythe contre la raison.

Ces modes de pensée sont souvent désignés comme « préscientifiques », même s'ils sont encore actuels et qu'ils coexistent parfois avec la pensée scientifique. Aujourd'hui, avec l'accumulation des données et les capacités de traitement des ordinateurs reliés en réseaux, le raisonnement, qui avait été mis en place à la fin du XX$^e$ siècle dans des logiciels de plus en plus « intelligents » (cf. chapitre 1), cède la place à l'analyse statistique de masses de données pour répondre aux questions les plus variées. Il en résulte un glissement de la causalité vers la corrélation : au lieu de rechercher un lien de cause à effet entre deux phénomènes (cf. chapitre 3), ces systèmes mettent seulement en évidence des occurrences simultanées de phénomènes. C'est ainsi que Walmart, pionnier des hypermarchés dans les années 1960, avait trouvé des corrélations entre les achats de ses clients, l'exemple le plus célèbre étant l'achat de couches-culottes pour bébés et l'achat de packs de bière le samedi, jour où ce sont les jeunes pères de famille qui font les courses. Il n'existe aucune relation de cause à effet, aucune inférence possible qui va de l'achat d'un paquet de couches à celui d'un pack de bière ni réciproquement. *« L'objectif n'est plus de comprendre les choses, mais d'obtenir une efficacité maximale »*, estiment Viktor Mayer-Schönberger et Kenneth Cukier (*Big Data*, Boston 2013).

## Connaître ou reconnaître

Qu'est-ce que la connaissance ? Ce qui est connu, ce qui a été rencontré, vu, entendu, appris, et reste présent à l'esprit. Platon s'est penché sur cette question au IV$^e$ siècle avant notre ère, dans des développements qui se ramènent pour l'essentiel à la théorie des Idées et de la réminiscence. Il a tenté de donner de la connaissance des définitions dans le *Théétète* : la connaissance serait une activité de l'âme au contact de différents objets, elle trouverait sa source dans ce contact de l'âme au sensible. Au travers de ce dialogue entre Socrate et Théétète, la connaissance est définie premièrement comme sensation et deuxièmement comme opinion.

En Occident, la connaissance est considérée comme résultant d'une accumulation de savoirs, soit acquis par l'expérience directe, soit communiqués par d'autres personnes. Dès lors, la connaissance peut être plus ou moins sûre, et l'on distingue des degrés s'exprimant par le doute, la croyance, la certitude, la conviction, la foi... En orient, la philosophie de la connaissance est toute différente. Elle est considérée comme innée. L'ignorance (terme négatif en Occident, signifiant l'absence de connaissance) est vue comme un voile qui cache la connaissance. Celle-ci n'est donc pas autre chose que l'absence d'ignorance. D'où des techniques spécifiques pour « déchirer ce voile », comme le bouddhisme zen.

Les connaissances ont deux statuts : celles que nous possédons à un instant donné, et celles que nous acquérons par l'observation, la communication, bref l'ouverture à l'extérieur. Depuis le XII$^e$ siècle, « connaître » signifie particulièrement « avoir dans l'esprit en tant qu'objet de pensée analysé », d'après le Dictionnaire historique Le Robert. A la même époque, on trouve le mot « connaissance » dans le sens de « preuve », « marque », notamment pour la chasse. Au XVI$^e$ siècle, la langue juridique donne à « connaître » le sens d'« être compétent pour juger ».

La connaissance correspond soit à une réalité objective, soit à une représentation conventionnelle de cette réalité, soit encore à une représentation subjective. Connaître une personne, c'est établir des relations avec cette personne. D'une façon générale, la connaissance implique une ou des relations avec une entité, qu'il s'agisse d'une personne, d'un objet ou d'un autre être, animé ou inanimé.

Ce que nous disons connaître, c'est l'image de la réalité, ou plutôt une certaine image d'une certaine réalité, en supposant une existence absolue de celle-ci. La faculté de connaître permet d'établir une correspondance entre environnement et représentation mentale. Cette correspondance met en jeu diverses disciplines : psychologie, neurosciences (biologie et physiologie du système nerveux), traitement de l'information... De plus, toute appréhension de la réalité requiert un minimum de connaissances préalables. L'enfant nouveau-né ne peut reconnaître que ce qu'il connaît déjà : l'odeur maternelle, mais pas les traits du visage maternel. Ce n'est que plus tard qu'il reconnaît le visage dans une forme humaine, et qu'il tentera de retrouver cette disposition sur les objets familiers (d'où l'intérêt qu'il porte aux jouets représentant un visage, ou plus simplement deux yeux et une bouche disposés convenablement, un *smiley*, par exemple). En effet, la vision est l'un des sens les mieux maîtrisés chez les humains, c'est sur elle que nous pouvons le plus facilement expérimenter afin d'essayer de comprendre ce processus de reconnaissance.

## De l'observation à la théorie

« Voir », en grec, se dit θεωρειν (*theorein*), d'où le mot « théorie ». Θεωρια (*theoria*), « action d'observer », a donné en latin *theoria*, qui a pris le sens de « spéculation », « recherche spéculative ». Le verbe grec θεωρειν (*theorein*) est lui-même formé par l'union de deux termes, θεα (*thea*) et οραω (*horao*). Le premier, d'où est dérivé « théâtre », désigne l'aspect, le spectacle, mais aussi le lieu d'où l'on regarde, donc la partie du théâtre occupée par les spectateurs ; οραω signifie « avoir des yeux », « porter son regard », « observer ». En français du XIV-XV$^e$ siècle, le mot « théorie » se retrouve dans le sens d'« observation », « contemplation », notamment dans un contexte ecclésiastique. Le dérivé θεωρημα (*theorèma*), qui a donné « théorème », a le sens de « spectacle », « fête », puis « contemplation », « méditation », « recherche ».

Or comment « voyons »-nous ? Une forme (un objet) soumis à notre vision, comment la (le) reconnaissons-nous ? Que se passe-t-il lorsque nous changeons de point de vue (à ce propos, rappelons le système hindou des *darçana* ou « points de vue ») ? Un processus de raisonnement a nécessairement lieu entre ces différentes phases. Pour étudier ce processus, nous avons trois possibilités : (1) l'examen clinique (imagerie médicale, par exemple) du cerveau durant ce processus ; (2) l'introspection, c'est-à-dire « se regarder penser », ce qui implique l'autoréférence, illustrée par exemple par Escher dans plusieurs de ses œuvres (« Mains dessinant », « Galerie de peinture ») ; (3) la référence à d'autres sujets observants, au travers de la littérature, de l'étude scientifique ou de la philosophie.

Si nous l'étudions en détail, la vision est un processus complexe. Contrairement à ce que l'on pourrait croire, elle ne consiste pas simplement dans le captage d'une image sur les cellules du fond de l'œil (cônes et bâtonnets, constituant la partie photosensible de la rétine). Il s'agit d'abord d'un aller-retour entre le cerveau et la rétine pour « accommoder », c'est-à-dire donner la courbure convenable au cristallin afin que l'image perçue soit nette. Ensuite, d'interpréter cette image, c'est-à-dire de sélectionner les points ou les formes (groupement de points) significatifs parmi d'autres points et formes, et de comparer ces ensembles aux contours ou caractéristiques d'objets que nous connaissons déjà. A travers les « illusions d'optique », dessins aux perspectives ambiguës ou impossibles comme ceux d'Escher, nous soupçonnons que la vision n'est pas simple du tout, qu'elle présente de nombreuses bizarreries, et surtout que, entre la perception et l'interprétation d'une image, de nombreux traitements sont effectués par notre cerveau qui finira par associer à une image un concept ou l'idée d'un objet dans l'espace.

Un objet n'est pas vu, il est interprété ; la vue simple n'existe pas. A partir d'un ensemble de perceptions, nous ne pouvons sélectionner que ce qui est déjà connu (« reconnu »). En effet, comme l'ont montré des physiologistes, lorsque nous regardons, seulement 20% des signaux qui proviennent au cerveau seraient issus du nerf optique, les 80% restants venant d'autres régions du cerveau, sans connexion directe avec les organes des sens. Les 4/5 de l'image que nous croyons voir sont donc « pré-vus », « préconçus », et nos sens ne serviraient qu'à confirmer et compléter une image déjà quasiment formée. Nous pouvons aussi en déduire que le travail de structuration de l'image est bien plus important que celui de capture de cette image.

Remarquons au passage que « vision » et « visée » ont une étymologie commune. Et que notre étude concerne la « pensée dirigée » vers un but, donc dotée d'une « visée ». De la vision, comme de toute perception des sens, à la (re)connaissance d'un objet réel ou d'une autre entité (son, forme, parfum...), il y a un cheminement analogue à celui qui va du réel à l'Idée platonicienne, de la « réalité sensible » à la « réalité intelligible », selon Platon. La première définition se heurte à l'objection suivante : le monde sensible est en devenir, c'est-à-dire constitué d'un ensemble d'objets qui naissent et qui se corrompent, croissent et décroissent. Mais si toute réalité est devenir, elle se transforme sans cesse, et il est impossible d'y trouver la stabilité nécessaire à une (re)connaissance vraie et certaine ; en effet, dans le monde sensible, un objet a tantôt telle qualité, tantôt telle autre, ou bien les deux en même temps, si bien que l'on en arrive à trouver des qualités contradictoires dans la même réalité. Pour Platon, le passage du possible au vrai, c'est-à-dire de la perception sensible à la connaissance vraie, passe par différents stades : la sensation, l'opinion, la pensée discursive, l'intuition. Ce cheminement, même s'il paraît instantané, inconscient et involontaire, est déjà une forme de raisonnement.

**Connaissances et métaconnaissances**

En informatique, le traitement des connaissances a donné lieu à une partie spécifique de l'informatique, appelée « intelligence artificielle » (IA) (cf. chapitre 1). Les connaissances désignent des informations symboliques, c'est-à-dire des données complexes et structurées, par exemple les déclarations : « la nuit, il fait sombre », « Paris est la capitale de la France ».

Les connaissances sont essentielles au système expert, comme à un expert humain, pour résoudre un problème. Or les spécialistes ne savent pas toujours quelles sont les connaissances qu'ils utilisent. Certaines sont implicites, d'autres relèvent du simple « bon sens », d'autres encore sont difficiles sinon impossibles à exprimer. De plus, il peut exister différentes représentations d'une même connaissance suivant le point de vue (référence à la notion philosophique indienne de *darçana*). En effet, pour pouvoir traiter les connaissances, il faut les représenter sous une forme utilisable par le traitement. S'il s'agit d'un raisonnement explicite, il faut exprimer ces connaissances dans le langage usuel. S'il s'agit d'un système expert, il faut traduire ces connaissances sous une forme symbolique, numérique, susceptible d'être traitée par l'ordinateur.

Les connaissances peuvent être acquises par simple transmission : dans un système expert, la base de connaissances est constituée *ab nihilo*, mais elle peut aussi être enrichie automatiquement. Pour cela, il faut doter le système de « métaconnaissances ». Ce mot est construit par analogie avec le mot de « métaphysique » d'Aristote, qui désigne la partie qui vient après la physique, ou derrière la physique, à la fois au sens propre (la métaphysique est le chapitre qui suit ceux sur la physique dans le traité d'Aristote) et au figuré (ce qui se cache derrière les phénomènes de la nature). De même, les métaconnaissances désignent ce qui est derrière les connaissances, ce qui permet d'acquérir des connaissances, de les gérer, de bien les utiliser, c'est-à-dire les connaissances sur les connaissances.

On peut considérer que, plus un être a une intelligence évoluée, plus la part de métaconnaissances est importante relativement aux connaissances. Ainsi, l'homme, lorsqu'il naît, possède très peu de connaissances, il est donc presque incapable de se débrouiller dans le monde, mais il est doté d'une grande quantité de métaconnaissances, c'est-à-dire d'une grande capacité à apprendre, acquérir des connaissances, les adapter, les actualiser et les utiliser à bon escient. C'est pourquoi l'humain, contrairement à l'animal, est capable d'évoluer dans des milieux naturels très divers, souvent très peu hospitaliers, et de trouver les moyens de s'y adapter.

**Apprentissage et mémoire, association et identité**

Pour qu'il y ait connaissance, il faut préalablement apprendre, puis mémoriser. D'où l'importance de l'apprentissage et de la mémoire, des fonctions essentielles du cerveau. L'apprentissage consiste à créer un certain circuit entre les neurones. Les connaissances sont encodées sous forme de « traces » dans les connexions qui sont établies au cours de l'apprentissage. Se remémorer, au niveau neuronal, consiste à retrouver ces traces, à repasser par ce circuit. Le bon fonctionnement de la mémoire dépend du renforcement de l'apprentissage. Dans les faits, ce renforcement se fait en associant un apprentissage avec un événement marquant, émotionnel, de préférence valorisé positivement. Le renforcement consiste, au niveau neuronal, à solliciter un plus grand nombre de neurones de façon que le circuit ait plus de probabilité d'être réactivé.

Le cerveau humain, contrairement aux mémoires artificielles (mémoires électroniques), n'attribue pas une localisation à une information mémorisée. La mémorisation met en jeu un grand nombre de neurones distribués sur l'ensemble d'une zone cérébrale, sachant que certaines zones du cerveau sont spécialisées dans certains types d'informations (langage, vision, déplacement dans l'espace, etc.). Une information mémorisée n'étant pas accessible par une « adresse » (comme en informatique), le moyen d'y accéder est de solliciter un neurone ou groupe de neurones impliqués dans le circuit. Rappeler (se souvenir de, se remémorer) une information consiste à présenter une autre information qui lui a été corrélée au cours de la phase d'apprentissage. Cela peut être une sollicitation des sens (image, son, odeur, etc.) ou de la pensée (mot, émotion). Une propriété essentielle des systèmes associatifs – et c'est là que l'on peut parler de « raisonnement associatif » – est la capacité à associer deux données distinctes, par exemple deux idées. C'est probablement ce qui se passe dans notre cerveau lorsque nous parlons d'**association d'idées**, ou lorsqu'une perception (vue, ouïe, odorat, toucher…) évoque une autre perception ou une pensée. L'association est bel et bien un mode de raisonnement, peu formalisé certes, mais extrêmement habituel (cf. chapitre 9).

Le principe des « mémoires associatives » artificielles est parfois utilisé – surtout expérimentalement – dans des ordinateurs. Alors que dans les mémoires classiques une information est accessible par son emplacement dans la mémoire (son « adresse »), une information d'une mémoire associative n'est pas localisée, mais est distribuée sur toute la mémoire, tous les éléments de mémoire étant interconnectés. L'accès à une information se fait par association. Ce peut être une ressemblance : une donnée (fait, objet, par exemple) est entrée dans la mémoire de l'ordinateur ; pour rappeler cette donnée, il suffit de présenter au système une autre donnée proche de celle qui est recherchée, et c'est la donnée initiale qui est récupérée exactement. Ainsi, si nous présentons au système un mot mal écrit, mal orthographié, ou une phrase incomplète ou partiellement erronée, le système cherchera à rétablir le mot ou la phrase dans sa forme correcte, de la même façon qu'un humain est capable de lire ou déchiffrer un message manuscrit dont l'écriture diffère de celles qu'il connaît. C'est ainsi aussi que nous **identifions** un objet dont la forme diffère d'objets semblables connus (par exemple, une table) ou une personne dont le visage est vu partiellement ou photographié sous un angle inédit.

# CHAPITRE 5.

> « *Même si vous ne le voyez pas d'un bon œil, le paysage n'est pas laid. C'est votre œil qui est peut-être mauvais.* » (Jacques Prévert)

**Sujet et objet**

Le simple fait d'observer, de parler d'observation, sous-entend l'existence d'un observateur ou **sujet** observant, et d'un **objet** de l'observation. Le mot allemand signifiant « objet » est *Gegenstand*, étymologiquement « qui se tient contre », alors que le mot français, du latin *objectum*, évoque plutôt ce qui est « jeté contre », comme quelque chose qui est donné de manière impérative, presque violente, incontournable, un « présent » au sens de « don », mais avec aussi une connotation temporelle, « ici et maintenant ». D'ailleurs, en allemand, c'est le même préfixe, *gegen*, qui se retrouve dans l'adjectif *gegenwärtig* (présent, actuel, contemporain). Du terme « objet » est dérivé le mot « objectivité », concept important dans le domaine de la pensée et du raisonnement.

La psychologie a mis en évidence l'existence d'une frontière entre sujet et objet, frontière qui semble inexistante dans les premiers mois de la vie humaine, mais apparaîtrait au cours de la première année de l'enfant. Le fait d'admettre cette frontière implique que, dès que vous percevez un objet, vous tracez une ligne entre lui et le reste du monde :

Observateur (sujet) | Image observée (objet)

En pratique, il est impossible d'isoler l'objet observé de l'observateur, de séparer strictement le phénomène réel des données de la perception, auxquelles s'ajoutent des principes rationnels et organisateurs que nous appliquons inconsciemment et involontairement. Par ailleurs, nous admettons l'existence d'objets que nous ne pouvons pas observer et avec lesquels nous n'avons pas d'interaction. Ainsi, nous avons conscience de l'existence d'autres êtres pensants, nous pouvons imaginer qu'il existe une face de la lune que nous ne voyons pas, nous devons accepter qu'il existe une cosmogonie, et que l'histoire de la Terre a commencé bien avant qu'il existe un être vivant pour l'observer.

Les penseurs se sont depuis longtemps intéressés à la position de l'observateur (sujet) par rapport au monde (objet) réel ou observé, et les rapports entre sujet et objet varient suivant les courants de pensée, les civilisations, les époques. Ainsi, au moyen-âge, l'alchimie est fondée sur une identification entre le sujet expérimentateur (l'alchimiste) et l'expérience (la matière transmutée de plomb en or). Les mystiques, dont deux représentants, Maître Eckhart (1260-1328) en Europe et Shankara (VIIIe siècle) en Inde, par exemple, recherchent l'unité de toutes les choses extérieures et l'unité de l'homme intérieur avec ces choses. Au cours des siècles se dessine une opposition entre deux attitudes extrêmes : l'une critique rationnelle, qui veut comprendre, séparer sujet et objet (Francis Bacon, 1561-1626 ; Johannes Kepler, 1571-1630), et l'autre mystique irrationnelle, qui cherche l'unité libératrice (Isaac Newton, 1643-1727 ; Johann Wolfgang Goethe 1749-1832). La philosophie actuelle distingue différents courants relatifs à cette question : le « réalisme » consiste à décrire le monde indépendamment des actes de perception, et l'objet est indépendant du sujet qui l'observe ; l'« idéalisme » suppose que les concepts et les théories sont de libres inventions de l'esprit humain ; le « positivisme » se réclame de la seule connaissance des faits, de l'expérience scientifique ; le « relativisme » admet la relativité de la connaissance humaine.

Nous pouvons ainsi schématiser la relation du sujet à l'objet, par exemple pour la vue, le sens le plus évident à étudier :

$$\text{Observateur (sujet)} \rightleftarrows \text{Image observée (objet)}$$

La flèche directe représentant l'observation, c'est-à-dire l'action (volonté de regarder) du sujet vers l'objet, la flèche inverse représentant l'« action » de l'objet sur le sujet (l'impact qui entraîne une prise de conscience chez le sujet). Nous avons ici mis « action » entre guillemets car il est délicat de parler d'action émanant d'un objet, par essence inanimé.

La physique fait un grand usage de l'observation, même si celle-ci passe souvent par le truchement d'un appareil ou instrument de mesure, lequel peut être considéré comme le prolongement des organes sensoriels de l'observateur. En physique classique, l'observation est censée ne pas perturber l'objet observé. Ce n'est plus vrai en physique moderne, notamment en mécanique quantique du fait des relations d'indétermination de Heisenberg, ni en psychologie, comme en témoigne la correspondance entre le physicien Wolfgang Pauli et le psychanalyste Carl Gustav Jung. En physique, pour observer un objet (c'est-à-dire mesurer des caractéristiques physiques de cet objet), il faut échanger de l'énergie : éclairer l'objet et capter la lumière qu'il renvoie. En mécanique quantique, où les objets sont des particules élémentaires et l'énergie d'échange (photon) du même ordre que celle de la particule, l'observation crée une perturbation importante par rapport aux caractéristiques de la particule, interdisant toute mesure précise de ses caractéristiques. De même, en psychanalyse, il y a interaction entre le psychanalyste et le patient. *« La psyché forme un tout conscient-inconscient »*, analyse C.G. Jung, qui en déduit qu'on ne peut pas étudier l'inconscient sans agir sur lui par l'intermédiaire de la conscience.

**Objectivité et subjectivité**

Nous avons déjà vu l'importance de la distinction entre sujet et objet dans la connaissance et de l'interprétation d'une image par un observateur (cf. chapitre 4, « Connaître ou reconnaître »), ce qui sous-entend les notions de subjectivité et d'objectivité. Dans ce que nous connaissons, il y a une partie objective et une partie subjective, et il est souvent difficile de définir la limite entre les deux. L'objectivité pure existe-t-elle ? Thomas Kuhn (*La structure des révolutions scientifiques*) discute de cette question sur un exemple : l'expérience des cartes à jouer. Lorsque plusieurs personnes observent le même objet, chacun possède un mécanisme pour interpréter ses propres perceptions, lequel mécanisme peut différer d'un individu à l'autre. Dans ses *Principia*,

Newton insiste sur l'opposition « du relatif et de l'absolu, de l'apparent et du vrai, du vulgaire et du mathématique ».

En physique, la dualité onde-corpuscule est un principe selon lequel tous les objets de l'univers microscopique présentent simultanément des propriétés d'ondes et de corpuscules. L'idée de la dualité, fondamentale en mécanique quantique, prend ses racines dans un débat remontant au XVII$^e$ siècle, quand s'affrontaient les théories concurrentes de Christiaan Huygens, qui considérait que la lumière était composée d'ondes, et d'Isaac Newton, qui considérait la lumière comme un flot de particules. En mécanique quantique, les deux notions – onde et corpuscule – coexistent, mais un seul phénomène apparaît à la fois, celui qui intéresse l'observateur. Ainsi, l'expérimentateur qui veut mesurer une caractéristique de l'onde (la longueur d'onde) n'a pas accès à la caractéristique complémentaire (la position du corpuscule). La subjectivité est ainsi intrinsèquement liée au phénomène. Tant qu'il n'est pas observé – avec un dispositif expérimental décrit avec exactitude – un phénomène quantique ne peut pas être caractérisé. C'est pourquoi, plutôt que de dualité, les physiciens préfèrent parler de « complémentarité » dans la mesure où les deux caractéristiques ne sont jamais observées simultanément, mais il dépend de l'observateur de faire apparaître l'une ou l'autre de ces caractéristiques. Plus généralement, quel que soit le domaine étudié, toute observation nécessite une sélection de données ou de faits.

La subjectivité crée ainsi une dualité irréductible comprenant, d'une part, le sujet (l'observateur ou le dispositif expérimental mis en œuvre et observé par le sujet) qui sélectionne et structure l'observation et, d'autre part, l'objet, c'est-à-dire le phénomène observé qui serait une partie de la réalité. Le rapport entre sujet et objet, central dans les sciences expérimentales, trouve aussi ses racines dans le mythe de la caverne de Platon, où l'objet idéal existe à l'extérieur de la caverne, mais le sujet, prisonnier de la caverne, ne peut voir que l'ombre de celui-ci sur la paroi de la caverne.

## Raisonnement et libre-arbitre

A lire ce qui précède, nous pourrions croire que, étant donné des prémisses, la conclusion est déterminée, non pas immédiatement, mais à l'issue d'un processus que nous avons appelé raisonnement. Ce qui ne laisserait aucune place au sujet raisonnant (agissant). Le sujet ne serait alors qu'une marionnette mue par le moteur d'un raisonnement objectif, absolu, d'une pensée contrainte (cf. chapitre 3).

Or le raisonnement, plus généralement la pensée, implique un sujet pensant, réfléchissant, raisonnant. Même si le raisonnement est codifié, le sujet n'est généralement pas contraint par celui-ci, contrairement au cas de l'ordinateur. En effet, le sujet raisonnant peut exercer sa volonté et son libre-arbitre à différents niveaux : pour le choix du but recherché, pour le choix du type de raisonnement (cf. chapitre 7), pour le choix des arguments, etc. *« Les facultés de 'souhait', de 'délibération', de 'choix', et d'abord la distinction de ce qui est fait 'de plein gré' ou contre son gré, dessinent la gamme de son autonomie »*, explique François Jullien en parlant du sujet de l'action, en Europe. D'ailleurs, nous allons voir (cf. chapitre 6, « Qu'est-ce que raisonner ? ») que, entre la prémisse et la conclusion d'un raisonnement, ou plus généralement entre les différentes phases du raisonnement, s'intercale un laps de temps, une « médiateté », un « écart » : la conclusion n'apparaît pas *immédiatement* après la prémisse. C'est dans cet écart que peut se glisser le libre-arbitre, la liberté de l'homme, au sens où l'entend le philosophe Hans Jonas (*Le principe responsabilité*).

Cet antagonisme entre liberté et nécessité ne doit jamais être perdu de vue tout au long de ce développement consacré au raisonnement, aussi rigoureux soit ce raisonnement.

## Le règne de la quantité

L'idée qu'il existe un sujet et un objet réalise d'emblée un partage du monde en deux : l'observateur et ce qui est observé, l'agissant et l'agi. Le dualisme, la dichotomie (du grec διχοτομια, *dichotomia*, « division en deux parties »), fait partie de notre mode de pensée, hérité de la civilisation gréco-romaine. Pythagore (VIe siècle avant notre ère) a mis en évidence dix catégories d'opposition :
- Limité/illimité
- Pair/impair

- Un/multiple
- Droit/gauche
- Masculin/féminin
- Immobile/mouvant
- Rectiligne/courbe
- Clair/obscur
- Carré/rectangle
- Bien/mal.

Nous pourrions ajouter bien d'autres oppositions, comme positif/négatif, fort/faible, haut/bas, dur/mou, chaud/froid, sec/humide, solide/fluide, beau/laid, potentiel/actuel, vrai/faux, théorique/pratique, rationnel/irrationnel, etc., ou en changeant de continent, *yin/yang*. La logique classique nous incite ainsi à considérer que toutes les qualités existent sous la forme de deux valeurs opposées, dont l'une, et l'une seulement, est réalisée. Cela est d'autant plus vrai que ces oppositions correspondent à peu près à la division du cerveau des mammifères en deux hémisphères. La dernière paire montre le parti pris par Pythagore, qui place évidemment la rationalité et le bien du même côté, c'est-à-dire le côté gauche (sachant que c'est l'hémisphère gauche du cerveau qui dirige la partie droite du corps, et donc la main dans l'écriture droitière).

La symétrie est une illustration concrète de la dualité : chaque chose a son reflet, son inverse, son contraire, son symétrique. Tout en sachant que la symétrie parfaite ne peut pas exister, comme le raconte Richard Feynman dans son fameux Cours de physique : *« Il y a une grille, au Japon, à Neiko, les Japonais disent que c'est la plus belle grille ; elle fut construite à une époque où l'art japonais a subi une grande influence de l'art chinois. Elle est très finement ciselée, gravée, sculptée avec des têtes de dragons et de princes sur les montants, etc. ; si on la regarde de près, on voit que, sur l'un des montants, un seul détail est à l'envers ; à part cela, l'ensemble est complètement symétrique. Pourquoi cela ? L'histoire rapporte que les artistes qui ont réalisé cette grille ont fait ce détail à l'envers exprès pour que les dieux ne soient pas jaloux de la perfection de l'homme et ne se mettent pas en colère contre lui à cause de cela. »*

A partir du moment où l'on admet le nombre 2, succédant à l'unité, la suite des nombres apparaît naturellement, semble-t-il, dans la pensée antique. Pythagore, toujours lui, fonde l'essentiel de sa philosophie sur les nombres : *« Les nombres sont le principe de toute chose »*. La peinture de la Renaissance, héritage de l'antiquité, en est une illustration avec la représentation de la perspective : celle-ci met en évidence des rapports de valeur, ce qui est devant (ce qui est proche) est plus grand que ce qui est derrière (ce qui est éloigné), par opposition avec la peinture dite primitive, où la taille relative des objets représentés est en relation avec leur valeur symbolique.

Nous avons vu (chapitre 2, « Du cosmos au chaos ») la volonté d'unification des représentations scientifiques du monde en un seul ensemble de lois qui rendrait compte de toutes les observations, de tous les aspects de ce qui est observé. A la suite de la reconnaissance des nombres, les anciens ont inventé un langage pour exprimer ces principes, ces lois, ces théories (de θεωρειν, *théoréin*, « observer ») : les mathématiques, fondées sur ces nombres et les opérations entre eux. C'est ce seul et même langage qui s'applique à toutes les sciences, notamment à la physique et à l'astronomie, plus tard étendu à la chimie, aux sciences de la terre et de la vie, et plus récemment, et de manière discutable, aux sciences humaines (histoire, économie, psychologie, sociologie…).

## Négation et non-dualité

La pensée classique est ainsi passée de la dualité au nombre, puis à l'unité, n'« inventant » que plus tard le zéro. Celui-ci a souvent eu en Occident une connotation péjorative, contrairement à la pensée orientale qui considère le vide, l'absence ou la négation comme une valeur supérieure. En Extrême-Orient, la théorie de la négation s'exprime dans différents courants philosophiques ou religieux comme le bouddhisme, le taoïsme, l'hindouisme (*advaïta* ou non-dualité) et bien d'autres traditions. Toutefois il existe aussi chez les Grecs une philosophie fondée la négation, que l'on désigne par « apophatisme » (du grec απόφασις, *apophasis*, issu du verbe απόφημι, *apophèmi*, « nier ») et qui se retrouve dans certains courants mystiques chrétiens, notamment dans celle du Pseudo-Denys l'Aréopagite (*De la théologie mystique*) : « *Là, dans la théologie affirmative, notre discours descendait du supérieur à l'inférieur puis il allait s'élargissant au fur et à mesure de sa descente ; mais maintenant que nous remontons de l'inférieur jusqu'au Transcendant, notre discours se réduit à proportion de notre montée. Arrivés au terme nous serons totalement muets et entièrement unis à l'Indicible.* »

A l'opposé de l'addition qui préside au « règne de la quantité » et du « tout numérique », le concept d'abstraction (composé du préfixe privatif, en latin *ab* ou *a*, en grec α ou αν (*a* ou *an*) est également présent dans l'Antiquité, à la fois dans la tradition péripatéticienne et dans celle de l'Académie. Il s'agit d'une opération intellectuelle intuitive qui prétend séparer dans les formes l'essentiel du non-essentiel. Cette forme de soustraction a abouti à l'invention du zéro (dérivé de l'arabe *sifr*), objet mathématique permettant d'exprimer une absence comme une quantité (nulle). La soustraction a été appliquée par les Anciens à la géométrie pour définir la surface par retranchement du volume, la ligne par retranchement de la superficie, le point par retranchement de la longueur, dont finalement toutes les dimensions sont nulles. Dans le raisonnement, d'une façon générale, la négation est assimilée au retranchement. Une telle démarche s'apparente à l'idéalisme, dans la mesure où la connaissance remonte, par soustraction et négation, de la réalité tangible à la réalité invisible, du concret à l'abstrait. D'ailleurs le verbe « dévoiler » est un exemple caractéristique de cette négation ou soustraction, qui évoque par son étymologie le fait de « déchirer le voile de l'ignorance ». Dans l'hindouisme, certains concepts et divinités sont définis par ce qu'ils ne sont pas, expression rendue en sanscrit par *neti-neti* (« n'est ni ceci ni ceci »).

Une autre conséquence de la négation et du retranchement est la notion de vide, particulièrement développée dans la pensée chinoise. Cette notion est « incarnée », par exemple, dans l'allégorie du boucher rapportée par Zhuangzi : ce boucher découpe la viande sans jamais user son couteau car après des années d'expérience et « par approfondissement de la perception », il parvient à percevoir le bœuf, non comme une masse, mais comme une structure où apparaissent les points de passage les plus subtils dans lesquels s'introduit le couteau qui glisse ainsi dans les articulations internes sans jamais les attaquer de front.

Si le retranchement aboutit au zéro ou au vide, la négation appliquée à la dualité débouche sur la non-dualité, ou *Advaïta*, théorie menée à son paroxysme par le philosophe indien du VIIIe siècle, Shankara. Il fait suite aux développements de Gaudapâda dans les commentaires de ce dernier à la *Mândukya Upanishad*. Ce philosophe expose, sous forme d'aphorismes, la solution la plus fine qu'ait trouvée la pensée indienne au problème de l'être, central à toute philosophie, indispensable à toute compréhension. Gaudapâda passe en revue les diverses théories concurrentes au non-dualisme, constate ironiquement qu'elles se contredisent toutes, s'annulent réciproquement, et démontre par là-même que l'esprit n'a pas de prise sur le réel ; seule est véridique la non-dualité.

# CHAPITRE 6.

> « *Avant donc que d'écrire, apprenez à penser.* » (Nicolas Boileau)

## Qu'est-ce que raisonner ?

Jusqu'ici nous avons tourné autour du raisonnement, sans l'aborder de front. Nous avons parlé d'observation, d'apprentissage, de connaissance, de mémoire, toutes notions étrangères au raisonnement, même si elles y sont souvent associées. Après ces préliminaires, nous entrons enfin dans le vif du sujet.

La pensée structurée par le raisonnement s'est développée de pair avec l'évolution de l'ensemble des connaissances scientifiques. Fondée sur l'observation, elle ne se réduit pas à celle-ci. En effet, le cheminement qui va de l'ignorance à la connaissance n'est pas seulement une accumulation quantitative d'informations, il comporte aussi un développement de nos « instruments » d'exploration du monde qui nous servent à sélectionner les informations fournies par nos observations, les ordonner et les intégrer aux connaissances préalablement emmagasinées, en réorganisant le tout. L'« instrument de la pensée » que représente le raisonnement nous permet ainsi de concevoir une image cohérente et correspondant le plus exactement possible à la « réalité » sensible. Image que les philosophes de l'antiquité désignent par « apodictique » (du grec αποδεικτικος, *apodeiktikos*, « qui démontre », « qui prouve ») et qui présente un caractère d'universalité absolue, nécessairement vraie où que vous soyez. Le but de l'apodictique est de fonder scientifiquement telle ou telle thèse, en partant de prémisses dont la réalité est incontestable.

Toutefois, pour certains philosophes, le raisonnement est indépendant de la connaissance, de l'expérience, de la réalité. Il existe en tant que tel, reliant une hypothèse ou une prémisse à une conclusion, comme le moyen pour atteindre une fin. C'est la partie « traitement de l'information » que l'informatique tente de reproduire sur les machines.

Le raisonnement est un processus mental – une pensée organisée, une méthode – qui permet, partant d'une situation (ensemble de faits, d'événements, d'observations, d'impressions, de connaissances, de croyances, etc.), d'aboutir à une idée, une décision, une représentation, une appréciation (critique), un jugement, une preuve, une démonstration, une solution, etc. C'est Descartes qui, le premier, a décrit la méthode comme principe de raisonnement dans son fameux *Discours de la méthode*, sous-titré « Pour bien conduire la raison et chercher la vérité dans les sciences ». Dans un autre ouvrage intitulé *Règles pour la direction de l'esprit*, il explique : *« La méthode est nécessaire pour la recherche de la vérité. Par méthode j'entends des règles certaines et faciles, dont la rigoureuse observation empêchera qu'on ne suppose jamais pour vrai ce qui est faux, et fera que, sans se consumer en efforts inutiles, mais au contraire en augmentant graduellement sa science, l'esprit parvienne à la véritable connaissance de toutes les choses qu'il peut atteindre... »*

« Méthode », le mot nous paraît bien définir ce processus : du grec μεθοδος (*méthodos*) – mot composé de μετα (*méta*) signifiant « après », « ensuite » avec l'idée de succession, et οδος (*hodos*), « route », « voie » –, la « voie » par laquelle on « poursuit », qui « conduit vers ». De la vision d'un objet réel, comme de toute autre perception des sens, à la (re)connaissance de cet objet, il y a un chemin, analogue à celui qui va du réel à l'idée platonicienne. Or il y a deux manières de procéder pour atteindre un but : soit suivre une voie tracée, soit viser le but et trouver le chemin qui peut y conduire. Osons une image tirée d'un proverbe chinois : la première manière consiste à regarder le doigt qui montre la lune, la seconde à regarder la lune. Mais lorsque nous commençons un raisonnement, nous ne connaissons pas, en principe, la conclusion, même si nous en avons souvent une idée.

Le raisonnement est habituellement décrit comme l'implication qui va de l'hypothèse (des prémisses) à la conclusion, en passant éventuellement par une succession de divers arguments. La réflexion la plus aboutie sur le raisonnement, nous la devons à Aristote dès le IVe siècle avant notre ère, dans son traité intitulé *Topiques* : *« Le but de ce traité est de trouver une méthode qui nous mette en mesure d'argumenter sur tout problème proposé, en partant de prémisses probables, et d'éviter, quand nous soutenons un argument, de rien dire nous-mêmes qui y soit contraire. »*

Nous pouvons aussi considérer le raisonnement comme une transformation, ou une suite de transformations, au sens mathématique. Le syllogisme, par exemple (« *Socrate est un homme – Tous les hommes sont mortels – Socrate est mortel »*, cf. chapitre 10), transforme l'énoncé initial *« Socrate est un homme »* dans l'énoncé final *« Socrate est mortel »*. La transformation est donnée par l'argument *« Tous les hommes sont mortels »*. De même, en prenant l'exemple du diagnostic médical, le raisonnement transforme l'énoncé « symptôme » (« *le patient X a de la fièvre, la migraine, des courbatures »*) dans l'énoncé « identification de la maladie » (« *le patient X a la grippe »*), puis dans l'énoncé « action à mener » (« *le patient X doit prendre de l'aspirine ou du paracétamol et rester au chaud »*). Ici, la suite de transformations est extraite d'un ensemble de connaissances médicales.

Comme nous le verrons par la suite, la conclusion est souvent pressentie. Le raisonnement consiste alors à trouver la transformation, ou la suite de transformations, qui permet de passer de l'énoncé initial à l'énoncé final. « Initial », « final », ces termes sous-entendent que le raisonnement est un processus orienté, polarisé, doté d'un sens défini, comparable à la relation de cause à effet en physique, comparable au passage du potentiel à l'actuel. Le premier terme disparaît pour faire place au terme suivant, et ce jusqu'à la fin du raisonnement : nous n'avons toujours affaire qu'à des mutations. Celui qui raisonne *s'appuie* sur une disposition dont on sait qu'elle ne cesse d'évoluer. Ainsi, le raisonnement est à l'opposé de « l'idée fixe » de Paul Valéry.

Dans tous les cas, le raisonnement implique de se poser la question : Quel type de conclusion recherchons-nous ? Question essentielle pour déterminer sur quelle « voie » s'engager, quel chemin suivre, quelle méthode choisir, quelle transformation ou quelle suite de transformations appliquer à l'énoncé initial, l'hypothèse. La réponse peut être : démontrer une proposition, c'est-à-dire vérifier une conclusion à partir d'une hypothèse donnée ; prendre une décision ; acquérir une nouvelle connaissance ; faire une découverte… Le résultat résulte d'un processus heuristique, du grec ευρισκειν (*euriskéin*, « trouver »), ce terme désignant une méthode de résolution d'un problème qui ne passe pas par l'analyse détaillée.

## Raisonnement et vérité

La notion de « vérité » a tendance à polluer celle de raisonnement. Un raisonnement correct, juste, valable n'est pas nécessairement vrai ; il n'est pas vrai ou faux, mais conforme ou non à des règles de construction préalablement admises. Le raisonnement ne préjuge pas de la vérité des prémisses, ni par conséquent de la vérité de la conclusion. Seule compte la rigueur de la démarche.

En outre, la vérité est souvent associée, voire confondue, avec la réalité. Avant tout, il importe donc de définir ce terme. Nous avons déjà évoqué au chapitre 2 (« Le mouvement de la pensée : la fin et les moyens ») le fait que Heidegger a traité les trois notions Λογος (*Logos*), Μοιρα (*Moïra*), Αληθεια (*Alèthéia*) – que nous avons traduits respectivement par « parole », « destinée » et « vérité » – pratiquement sur un pied d'égalité dans ses *Essais et conférences*. Le troisième, αληθεια, est formé du terme ληθη (*lèthè*), signifiant « l'oubli » et désignant aussi le fleuve des enfers, précédé du α- privatif. La vérité serait donc l'absence d'oubli, ou la sortie de l'oubli, ce qui peut être également l'une des fonctions du raisonnement.

Pour qu'il y ait « vérité », il faudrait établir une correspondance entre le raisonnement et l'univers – que ce soit l'univers des idées, dans un système philosophique donné, ou l'univers réel, perçu par les sens, en admettant que celui-ci soit unique pour toutes les personnes concernées par le raisonnement. C'est ce qu'énonce Leibniz dans son principe de raison suffisante, où il tente de faire le lien entre une proposition vraie *a priori*, c'est-à-dire de façon logique et indépendamment de l'expérience, et l'existence d'un objet. Alfred Tarski, qui a consacré un ouvrage majeur à ce sujet (*The semantic conception of truth and the foundations of semantics*), relève la difficulté à *« donner une définition satisfaisante de cette notion, c'est-à-dire une définition qui soit matériellement adéquate et formellement correcte. »* Selon sa « théorie de la correspondance », *« la vérité d'un énoncé consiste en son accord (ou sa correspondance) avec la réalité. »* Ce qui revient à peu près à la définition suivante : *« Un énoncé est vrai s'il désigne un état de choses existant. »* Tandis qu'Aristote se contente d'une définition quelque peu tautologique du vrai et du faux (*Métaphysique*) : *« Dire de ce qui est qu'il n'est pas ou de ce qui n'est pas qu'il est est faux, tandis que dire de ce qui est qu'il est et de ce qui n'est pas qu'il n'est pas est vrai.* »

Notre propos est de replacer l'idée de vérité dans le raisonnement, c'est-à-dire de la capacité à « vérifier » (ou « démontrer ») plutôt que dégager une sorte de « vérité » absolue. Selon Aristote, la connaissance vraie consiste en des concepts dont les définitions sont entièrement démontrées à partir des prémisses générales. Ce qui sous-entend qu'il doit exister des énoncés universels suprêmes, dont est déduit tout le système de connaissances, et que les principes suprêmes universels de la démonstration sont les vérités immédiatement certaines. Ce sont les principes premiers, et comme tels ils sont indémontrables.

Dans ce qui suit, nous allons étudier le raisonnement comme processus devant conduire, à partir d'une proposition ou d'un énoncé supposé « vrai », à une autre proposition ou un autre énoncé également supposé « vrai ». Mais si la vérité du premier énoncé n'est pas avérée, s'il s'agit d'un énoncé fantaisiste, rien n'empêche de raisonner à partir de cet énoncé. Seule importe la justesse du raisonnement. Ainsi, Aristote, analysant les rapports entre prémisses vraies et fausses et conclusions vraies et fausses, établit que, si le raisonnement est correct, ces relations sont les suivantes : (1) Si les prémisses sont vraies, la conclusion est elle aussi nécessairement vraie ; (2) Si les prémisses sont fausses, la conclusion n'est pas nécessairement fausse ; (3) Si la conclusion est fausse, au moins une des prémisses est nécessairement fausse ; (4) Si la conclusion est vraie, les prémisses ne sont pas nécessairement vraies.

La vérité permet toutefois de valider le raisonnement car si, partant d'un énoncé « vrai » suivant la réalité observée ou convenue, le raisonnement conclut par un énoncé « faux » suivant les mêmes critères, nous devrons admettre que le raisonnement n'est pas juste, est mauvais, est erroné. Les paradoxes, et en particulier le paradoxe du menteur, mettent en cause soit la notion de vérité, soit l'exactitude du raisonnement (cf. chapitre 12). En fait, ce concept, purement conventionnel, n'a rien de scientifique. Il conviendrait de le remplacer, suivant le contexte, soit par celui de « sincérité », comme le suggère Saul Kripke, soit par celui d'existence dans un univers donné, ou d'appartenance à un système, à un ensemble, à une entité. Ainsi, nous pouvons appliquer un raisonnement rigoureux, en l'occurrence la logique, à l'univers d'Alice de Lewis Carroll, aussi farfelu qu'il nous paraisse, c'est d'ailleurs ce qu'a fait cet auteur, lui-même éminent logicien.

Pour le philosophe anglais Thomas Hobbes, la vérité n'est pas une propriété des choses ; comme le mensonge, elle n'existe que dans le discours. Il n'y a pas non plus de vérité dans les noms tant que ceux-ci sont isolés les uns des autres. Ce n'est que lorsqu'ils sont reliés dans une proposition qu'apparaît le jugement, dont la propriété est d'être vrai ou faux. Leibniz a une conception assez proche lorsqu'il préconise, pour fonder les éléments de la connaissance humaine, de prendre un point de départ ferme à partir duquel le raisonnement puisse en toute sûreté aller plus loin ; et ce début, il faut le chercher *« dans la nature générale de la vérité »* (*in ipsa generali natura veritatum*).

Nous voyons que ces définitions et postulats sont aussi imprécis que discutables, c'est pourquoi nous préférons éviter de parler de « vérité » au sens absolu dans la suite de cette étude, et nous préférerons suivre cette autre proposition de Tarski, qui s'inscrit explicitement dans la logique : *« Le problème de la définition de la vérité n'acquiert un sens précis et ne peut être résolu d'une manière rigoureuse que pour les langages dont la structure a été rigoureusement spécifiée »*, c'est-à-dire que *« le sens de toute expression est univoquement déterminé par sa forme. »*

## Raisonnement et jugement

Le raisonnement est un aspect fondamental de l'intelligence : raisonner permet de comprendre, d'expliquer, de justifier, de « produire de la connaissance », c'est-à-dire d'étendre le domaine de connaissances à partir d'un corpus existant ou à partir de perception des sens, ce qu'on appelle communément « invention » ou « découverte ». Socrate parle de « maïeutique » (du grec μαιευτικος, *maieutikos* : relatif à l'art de faire accoucher), qui évoque la naissance, l'apparition de quelque chose de nouveau. En réalité, le raisonnement résulte d'une interaction entre plusieurs processus simultanés, non nécessairement cohérents ni coordonnés, d'où résulte une décision, un jugement, préalables indispensables à l'action, que ce rapport soit conscient ou non.

Or le mot grec signifiant « décision » ou « jugement » est κρισις (*krisis*), dérivé du verbe κρινειν (*krinéin*) signifiant « juger », terme qui a donné en français « crise » et ses dérivés « critique », « critère », « crible ». Celui qui critique est celui qui juge, qui décide du sort de quelqu'un. Contrairement à la signification grecque, en français actuel ce mot a d'abord un sens médical, associé à un trouble, un déséquilibre profond (crise de nerfs, crise de croissance, crise de l'adolescence, etc.), qui s'est étendu au domaine politique à partir du XIX$^e$ siècle, et économique au XX$^e$ siècle. Pourtant, si nous nous rapprochons de l'étymologie, « crise » évoque plutôt un moment caractérisé par un changement subit et généralement décisif et, par extension, une phase grave dans l'évolution des choses ou un phénomène, une perturbation, une rupture, une catastrophe, mais en aucun cas une situation durable, chronique.

## Raisonnement et discussion : la dialectique

S'il vise à comprendre les phénomènes qui nous entourent, le raisonnement a un rôle important : celui de convaincre un interlocuteur, de le rallier à notre propre conviction. Tel est l'objet de la dialectique. Ce terme, de διαλεγεσθαι (*dialégéstai*, « converser »), et διαλεγειν (*dialégéin*, « trier », « distinguer »), se définit comme l'art du dialogue, de la discussion, de la controverse, soit comme une sorte de joute intellectuelle. Son invention est attribuée à Zénon d'Élée, et largement développée par Aristote si nous en croyons Diogène Laërce qui cite celui-ci : « *La dialectique est un art du discours au moyen duquel nous réfutons quelque chose ou l'affirmons avec des preuves, et cela au moyen des questions et des réponses des discutants.* » Schopenhauer remarque que « *chez les Anciens, 'logique' et 'dialectique' sont le plus souvent employés comme synonymes* », tandis qu'Aristote oppose philosophie et dialectique, la première ayant pour finalité la vérité, alors que la dialectique, comme la rhétorique, a pour objectif la persuasion.

Au contraire de la définition de Cicéron dans *Topiques* : « *Dialecticam inventam esse, veri et falsi quasi disceptatricem* » (La dialectique a été inventée pour faire une distinction entre le vrai et le faux), Schopenhauer souligne : « *Pour fonder la dialectique en toute rigueur, il faut, sans se soucier de la vérité objective (qui est l'affaire de la logique), la considérer uniquement comme l'art d'avoir toujours raison.* » Ainsi, la dialectique dans sa déclinaison la plus forte devient l'« éristique », du grec ερις (*éris*, « dispute », « querelle », « combat », « contestation »), qui est personnifiée sous les traits d'Éris, la déesse grecque de la discorde. Platon illustre cette technique dans son dialogue

*L'Euthydème*, où il attribue à Euthydème de Chios l'invention de l'éristique.

Techniquement parlant, la dialectique procède en général par la mise en parallèle d'une thèse et de son antithèse, et tente de dépasser la contradiction qui en résulte au niveau d'une synthèse finale. Cette forme de raisonnement trouve son expression dans le fameux « plan dialectique » en trois parties, « thèse-antithèse-synthèse », qui fait partie de l'enseignement de la dissertation philosophique : poser (thèse), opposer (antithèse) et composer (synthèse) ou dépasser la contradiction. A l'instar du jeu à deux (joueurs ou équipes) organisé en partie, revanche, belle.

Même si elle est pratiquée par une seule personne, la dialectique mime une discussion à deux, la synthèse pouvant être attribuée à une tierce personne qui serait en quelque sorte le juge-arbitre. Elle reflète aussi un mouvement qui, par un pas de chaque côté, permet d'avancer.

**Raisonnement et négation**

Il y a différentes manières de nier. La négation comme l'affirmation, pour ne pas être « gratuite », doit être introduite ou étayée par le raisonnement. L'une des composantes de la dialectique consiste d'ailleurs à exposer la thèse opposée à celle que l'on veut défendre. Nous désignerons globalement par le terme de « négation » tout ce qui consiste à utiliser une démarche ou des arguments opposés à la thèse défendue, qu'il s'agisse de réfutation, de raisonnement par l'absurde ou de présentation de contre-exemples.

La réfutation consiste à prouver la fausseté d'un raisonnement. L'anglicisme « falsification » est parfois employé à tort pour exprimer la même idée. Schopenhauer distingue la réfutation directe de l'indirecte. La première *« attaque la thèse dans ses fondements, l'indirecte dans ses conséquences ; la directe démontre que la thèse n'est pas vraie, l'indirecte qu'elle ne peut pas être vraie. »*

Le raisonnement par l'absurde peut se rattacher à la réfutation indirecte. En effet, la démarche part de la conclusion opposée à celle à laquelle on veut parvenir, pour montrer que les prémisses sont contraires à la vérité ou à une convention unanimement reconnue comme vraie. Comme le laisse présager le terme latin équivalent, *reductio ad absurdum*, le raisonnement par l'absurde est souvent une méthode économique en termes d'arguments.

Encore plus économique est l'utilisation de contre-exemple : pour démontrer qu'une thèse est fausse, il suffit d'avancer un seul contre-exemple. Ainsi, pour démontrer que la proposition « Tous les oiseaux peuvent voler » est fausse, il suffit d'avancer le contre-exemple de l'autruche. Si un seul exemple ne permet pas de prouver la validité d'une règle générale, il suffit d'un seul contre-exemple pour prouver qu'une règle générale est fausse.

# CHAPITRE 7.

> « *Tout ce qui n'est ni une couleur, ni un parfum, ni une musique, c'est de l'enfantillage.* » (Boris Vian)

**Différentes formes de raisonnement**

Il existe plusieurs formes et niveaux de raisonnement, depuis le plus élémentaire (niveau zéro du raisonnement) jusqu'aux plus élaborés, le raisonnement étant en pratique souvent une combinaison de ces différents outils ou moyens intellectuels, que nous pouvons sélectionner en vue d'une fin (la conclusion). Nous pouvons distinguer les types de raisonnement selon leur niveau d'élaboration, de formalisation et de complexité. Au niveau zéro, nous trouvons le « bon sens » ou « sens commun » (absence de raisonnement), ainsi que la simple reproduction ou répétition. Certains raisonnements ne sont pas formalisés, c'est le cas de l'intuition (implicite, non explicitable), de l'analogie et du raisonnement associatif ou par association d'idées (souvent implicites, mais explicitables). Seules les logiques sont toujours explicites et formalisées. Un second axe permet de caractériser le raisonnement par la complexité. Ici encore, le niveau zéro correspond aux raisonnements les plus élémentaires. Suivant cette échelle, la logique classique a une faible complexité, contrairement aux logiques non standard (multivalente, floue, modale, probabiliste, temporelle…).

Nous avons représenté les formes de raisonnement les plus usuelles dans un tableau à deux entrées : formalisation en abscisse, et complexité en ordonnée.

|  |  |
|---|---|
| ↑<br>C<br>o<br>m<br>p<br>l<br>e<br>x<br>i<br>t<br>é | Intuition            Logiques<br>                        non standard<br><br><br>Association<br>       Analogie<br>                        Logique<br>                        classique<br><br><br>                 Syllogisme<br>                 Répétition<br>Bon sens   Sophisme |
|  | F o r m a l i s a t i o n   → |

    Une explication de ce tableau s'impose ici. Les types de raisonnement notés à faible formalisation sont ceux pour lesquels il est difficile, voire impossible, d'expliciter le cheminement qui va de l'hypothèse à la conclusion, de la prémisse à la conséquence. Ceux à moyenne formalisation, comme le syllogisme, la répétition et le sophisme, peuvent s'expliciter verbalement. Enfin, les types à plus forte formalisation, sont ceux qui peuvent non seulement s'exprimer verbalement, mais aussi être représentés graphiquement ou mathématiquement.
    Nous n'évoquons pas ici la validité ni l'efficacité, ni encore le domaine d'application de tel ou tel type de raisonnement. Toutefois il faut souligner que s'il existe plusieurs formes de raisonnement, c'est pour répondre aux divers problèmes qui peuvent se présenter, aux différentes matières scientifiques et non scientifiques auxquels ils peuvent s'appliquer, à des circonstances variées comme l'interlocuteur, la culture, l'environnement, etc. Chacune de ces formes de raisonnement

répond ainsi à un besoin, à la nécessité de prendre une décision ou de se tirer d'une situation. Même dans un seul domaine, pour résoudre un seul problème, nous puisons simultanément et spontanément, consciemment ou non, dans plusieurs de ces modes de raisonnement.

## Bon sens, reproduction, répétition, degré zéro du raisonnement

Notre première réaction, face à une question ou à un problème, lorsque nous devons prendre une décision ou émettre un jugement, est de faire appel au mode le plus élémentaire, le niveau zéro du raisonnement, le « bon sens ». Également appelé « sens commun » parce qu'il est réputé être partagé par une large population, le « bon sens » se rapproche de la « reproduction » ou « répétition », ce que nous faisons par habitude ou par imitation : lorsque nous avons répondu (ou nous avons vu d'autres personnes répondre) une fois de manière satisfaisante à un problème donné, nous allons reproduire la même réponse au même problème.

Le sens commun et la répétition sont responsables du « préjugé » qui est la reproduction d'un jugement entendu ailleurs, ou qui fait émettre un jugement sans qu'aucun raisonnement n'ait amené celui-ci : *« Les préjugés accomplissent bien des choses qui deviendraient trop difficiles à mener en pensée jusqu'à leur réalisation – avec ces impulsions artificielles elles se font sans fatigue »*, énonce Georg Christoph Lichtenberg dans un de ses aphorismes. Le bon sens, comme le sens commun ou le préjugé se justifient pour l'économie de raisonnement qu'ils permettent. Ce sont les « sentiers battus » que nous suivons, les ornières desquelles nous ne sortons pas, par commodité, par facilité, par économie de pensée. Parfois, volontairement ou non, nous quittons ces sentiers ou ces ornières ; c'est le cas lorsque nous faisons une rencontre extraordinaire, que nous sommes surpris par un discours hors du commun, hors de la *doxa* officielle, loin de ce qui est « orthodoxe », au sens premier du terme, par ce qu'on appelle « paradoxe » (cf. chapitre 12).

## Le raisonnement proprement dit

Lorsque nous sommes confrontés à une situation inédite, ou mal résolue précédemment, nous pouvons entrevoir la direction que va prendre notre raisonnement, le but, la cible, grâce à l'intuition : *« Toute connaissance humaine commence par l'intuition, passe de là aux concepts et aboutit aux idées* », affirme Kant. Puis nous faisons confiance aux outils du raisonnement avec, d'une part, le côté global de l'analogie et du raisonnement associatif et, d'autre part, le côté formel de la logique. Nous pouvons dire que ce mode-là (analogie, association) correspond à ce que Pascal désignait par « esprit de géométrie », tandis que celui-ci (logique) correspond à ce qu'il nommait « esprit d'analyse ». Le premier mode apprécie globalement les formes, sous l'angle « esthétique », les distances, les ressemblances, tandis que le second « dissèque », découpe, réduit, modélise. Si ce dernier peut expliquer et justifier *a posteriori* les conclusions (décisions, actions…), le premier ne peut expliquer et ne peut s'expliquer, mais seulement présenter, représenter. Nous jonglons sans cesse entre ces deux modes de raisonnement.

Par définition, un raisonnement formalisé, et particulièrement le raisonnement logique, s'appuie sur le langage, comme nous le verrons au chapitre 10, qu'il s'agisse du langage parlé ou écrit, d'un autre langage (formalisme mathématique, par exemple) ou d'un schéma (cf. chapitre 2). Physiologiquement parlant, le raisonnement logique devrait trouver son siège dans l'hémisphère gauche du cerveau, et plus précisément le lobe frontal où se situe l'« aire de Broca » reconnue comme indispensable au langage. L'autre partie, l'intuition, comme l'imagination, serait plutôt localisée dans la partie droite du cerveau, laquelle est gouvernée par les émotions.

## L'intuition

L'intuition est le fruit de l'imagination. Issu du latin *intueri*, signifiant « regarder attentivement », l'intuition peut être considérée comme une sorte de vision abstraite, où une idée apparaît comme quelque chose de « vu » et non de « déduit ». C'est donc une pensée directe, immédiate, évidente, peut-être résultat d'un processus inconscient, qui se situe en dehors du processus du raisonnement formalisé, mais qui peut suggérer une conclusion et aider au choix des moyens pour l'atteindre. L'intuition a sa place de plein droit dans le raisonnement, en tant que moyen complémentaire du processus long de la démarche. Ainsi, la construction d'une théorie se fait généralement en deux temps : (1) un temps bref, l'intuition ; (2) un temps plus long, la démonstration pour arriver à l'objet de l'intuition.

L'intuition aide aussi à trouver le mode de raisonnement le plus approprié à un problème dans un contexte donné. Elle sert, en particulier, à trouver des analogies, des correspondances, des modèles pour des phénomènes complexes ou des concepts abstraits. C'est ainsi que la théorie des catastrophes de René Thom peut être utilisée en psychologie ou en économie, et la notion de fractales de Benoît Mandelbrot pour comprendre les échanges à travers certaines membranes ou pour analyser la constitution de cristaux, par exemple. Ces modèles « intuitifs », à forte connotation visuelle, s'inscrivent dans une démarche de raisonnement analogique qui sera détaillée au chapitre 9.

**Raisonnement et communication**

La communication du raisonnement, de la démarche comme de la conclusion, exige non seulement une rigueur ou une agilité intellectuelle, mais aussi des qualités d'orateur, d'où l'intérêt porté à la rhétorique par de nombreux auteurs classiques tels Aristote, Cicéron, Quintilien, mais aussi des philosophes modernes et contemporains, à commencer par Schopenhauer dans son traité *Eristische Dialektik* (« L'art d'avoir toujours raison »).

A l'exception du « bon sens » et de l'intuition, toutes les formes de raisonnement (analogie, raisonnement associatif, logique standard, logiques non standard) présupposent la possibilité de convaincre autrui en lui proposant un discours qui se veut cohérent, régulier, reproductible. La régularité étant considérée comme la base sur laquelle se fonde toute démarche scientifique.

Les sciences se fondent sur ces qualités, et notamment sur la possibilité de reproduire à l'identique le raisonnement, c'est-à-dire qu'en partant des mêmes hypothèses on arrive à la même conclusion. Une fois cela admis, il est naturel de « figer » ce raisonnement pour le mettre sous la forme d'une loi, d'un théorème, d'une théorie, d'une jurisprudence, ou autre règle, en vue de sa réutilisation. Rappelons d'ailleurs que « théorie » vient du grec θεωρειν (*théoréin*) signifiant observer, examiner, contempler par l'intelligence.

Cette conclusion peut aussi servir à une délibération, à une décision, à un jugement, à un conseil, par exemple. Ce que recouvre le verbe grec συμβουλειν (*sumbouléin*) signifiant donner un conseil, délibérer. Or ce verbe a la même racine que συμβολον (*sumbolon*) et que συμβαλλω (*sumballô*), qui tous deux sont à l'origine du mot « symbole ». Le dictionnaire grec Bailly nous apprend que συμβολον désigne primitivement « un objet coupé en deux, dont deux hôtes conservaient chacun une moitié ; ces deux parties rapprochées servaient à faire reconnaître les porteurs et à prouver les relations d'hospitalité contractées antérieurement ». Quant à συμβαλλω, il se traduit littéralement par « jeter ensemble », avec de nombreux sens dérivés : « réunir », « échanger », « jeter l'un contre l'autre », « rapprocher », « conjecturer », « rencontrer », « mêler », « interpréter ».

**Raisonnement et évolution**

Nous avons classé les modes de raisonnement en fonction de la complexité et de la formalisation. On peut aussi identifier les différents types de raisonnement en rapport avec leur évolution dans l'histoire de l'humanité, la pensée dite primitive, magique, pré-rationnelle étant à rapprocher du raisonnement associatif, qualitatif et non quantitatif. Edgar Morin résume cette évolution dans *L'homme et la mort* : « *La philosophie dans son premier stade métaphysique (cosmogonique) est l'héritière du contenu magique archaïque transmis par les chamans. Les premiers philosophes – Pythagore, Héraclite, Empédocle – sont encore eux-mêmes de véritables chamans : la philosophie grecque débute en magie grandiose. Cette magie devient philosophique lorsqu'elle se laïcise, s'intellectualise, s'ordonne non plus seulement en symboles mais en idées. La philosophie se construit en devenant expression idéologique d'un contenu jusqu'alors ressenti analogiquement et exprimé symboliquement.* »

Le raisonnement qualitatif, symbolique, précède la rationalité classique fondée sur les nombres. Échappant à l'évaluation quantitative, il s'applique à des problèmes atypiques ou particulièrement complexes, que l'on ne sait pas décrire par des équations mathématiques, mais dont on peut connaître certaines caractéristiques qualitatives : par exemple, un phénomène décrit par une courbe croissante ou décroissante, passant par un point d'inflexion, un changement de signe… Nous avons réuni ces différentes formes de raisonnement au chapitre 9.

## Général et particulier

Nous verrons que le raisonnement comprend en fait plusieurs démarches, qu'elles soient simultanées ou successives, ou plus généralement qu'il fonctionne par allers-retours entre les différentes démarches. La démarche considérée comme scientifique procède du général au particulier, elle part des règles, des lois ou des axiomes pour aboutir aux faits, elle passe de l'abstrait au concret. Au contraire, la démarche empirique part d'événements particuliers et évolue vers une abstraction progressive qui aboutit à la découverte de règles, de lois ou d'axiomes. La première démarche, également qualifiée de *top-down* par opposition à la démarche empirique dite *bottom-up*, permet de dissocier les propriétés d'êtres mathématiques ou logiques complexes et de les regrouper autour d'un petit nombre de notions. C'est ce que les biologistes ont fait en classant les espèces, les physiciens en mettant en évidence des particules élémentaires, les mathématiciens en inventant les structures algébriques, topologiques, géométriques, etc.

Cette démarche peut se rattacher à celle de Platon et de la théorie des Idées ou des Formes intelligibles. Celle-ci interprète le monde sensible comme un ensemble de réalités participant de leurs modèles immuables. Elle a pour fonction d'unifier les problèmes et les solutions formulés par Platon.

Une telle démarche, s'écartant de la réalité empirique, expérimentale, a permis de découvrir des entités échappant à toute expérimentation directe. C'est ainsi que les physiciens de la matière ont inventé les « quarks ». Dotés d'une charge électrique de +/- 1/3 ou 2/3, donc inobservable dans la nature, ces particules hypothétiques doivent nécessairement être assemblées par deux ou trois pour constituer une particule « élémentaire » observable (méson ou baryon), c'est-à-dire de charge électrique multiple de la charge élémentaire (0, +/- 1). De même, en mathématiques, les nombres irrationnels (le nombre $\pi$, par exemple) ou le nombre imaginaire i ($\sqrt{-1}$) ne peuvent pas être expérimentés (c'est-à-dire mesurés) directement, mais leur invention a facilité la résolution de nombreux problèmes.

**Limites du raisonnement**

Le raisonnement est généralement circonscrit dans son domaine d'application. D'une part, il peut être représenté comme un segment, ou plutôt un vecteur, c'est-à-dire un segment orienté, ayant une origine (l'hypothèse ou la prémisse) et une extrémité (la conclusion ou la conséquence). D'autre part, il se situe dans un champ déterminé (le champ de la discipline en question), sans en sortir, qu'il s'agisse de raisonner en sciences, en philosophie, ou dans la vie courante. Seules quelques formes de raisonnement, notamment l'analogie, sortent du champ considéré, se déroulent dans un champ différent (une discipline différente), qui peut être présenté comme parallèle, et ces formes tirent justement leur force de ce caractère exogène.

Avant de commencer un raisonnement, il faut sélectionner les informations et les hypothèses de départ. Celles-ci dépendent de l'appréhension que nous avons de la réalité, donc présupposent la perception et l'observation d'un objet par un sujet. De même qu'une connaissance peut être vraie ou erronée, de même que nos sens peuvent nous tromper sur la réalité, un raisonnement peut être juste ou faux. Les Grecs anciens ont mis en évidence des raisonnements qui « sonnent juste », les sophismes, mais aboutissent à des résultats faux, de toute évidence (cf. chapitre 12).

Le raisonnement prend en compte ce que nous connaissons, savons, pouvons percevoir ou penser. Certaines choses échappent à notre perception, quels que soient les instruments à notre disposition. Par exemple, les particules de la microphysique obéissant aux lois de la mécanique quantique, donc aux relations d'indétermination ; ou l'univers qui présente un horizon au-delà duquel rien n'est visible ; ou encore certains phénomènes biologiques ou psychologiques dont l'observation implique la destruction au moins partielle de l'entité. La principale barrière au raisonnement est la complexité de l'objet auquel nous voulons l'appliquer.

Si nous souhaitons appliquer le raisonnement à tout ce que nous savons ou percevons, certains domaines échappent de toute évidence à cette tentative. Nous désignons par le « hasard » ou le « chaos » de tels domaines, avec les réserves et les précisions qui sont exposées au chapitre 2. Par ailleurs, nous déclarons certains faits ou entités comme « irrationnels », signifiant que nous ne pouvons pas raisonner sur ces faits ou entités. Échappent aussi au raisonnement des situations incohérentes créées par la fiction (par exemple, dans la littérature, *Le Voyageur imprudent* de René Barjavel, ou *Alice au pays des merveilles* de Lewis Carroll), ainsi que la poésie, le rêve, la rêverie. Nous y reviendrons au chapitre 15.

# CHAPITRE 8.

> « *Le miroir leur échappa des mains et fut précipité sur la terre où il se brisa en cent millions ou milliards, ou peut-être encore plus, de morceaux. Chaque grain de miroir avait conservé la même force que le miroir entier.* » (Hans Christian Andersen)

## Le tout et les parties

Avant de poursuivre notre étude du raisonnement proprement dit, nous ouvrons ici une nouvelle parenthèse afin d'examiner le rapport entre le tout et les parties, entre un ensemble et ses éléments, notion essentielle dans de nombreuses formes de raisonnement et que nous retrouverons à maintes reprises au cours du présent traité. Cette parenthèse est importante dans la mesure où, comme nous l'avons dit en introduction, le raisonnement vise à organiser le monde, à interpréter, expliquer et accroître nos connaissances. Or, si le Tout est inconnaissable, la partie – du moins celle qui est à notre portée – sert à connaître le Tout. Notons ici que Werner Heisenberg a choisi le titre *La partie et le tout* (*Der Teil und das Ganze*) pour intituler son autobiographie. Cette expression, choisie par l'un des fondateurs de la mécanique quantique au début du XXᵉ siècle, met en exergue le caractère non trivial d'un tel rapport dans cette branche de la physique.

Depuis l'antiquité grecque, et notamment Démocrite, nous considérons que les choses de la nature (φυσις, *phusis*) sont constituées de parties élémentaires qui entrent en composition : le tout est composé de parties, et cela jusqu'à l'atome, mot dérivé du grec α-τομος (*atomos*) signifiant « non coupé », ce qu'on ne peut pas couper, qui est sans parties, indivisible. Cette conception s'élargit bien au-delà de la physique : les êtres vivants sont constitués de cellules, les mots sont composés de lettres. Selon Aristote, le rapport du tout à la partie est le fondement de la cité, qui est un tout dont les parties sont les citoyens. Le médecin grec Galien l'a appliqué au vivant, en prenant l'exemple de la main : cet organe a sa circonscription propre mais il n'est pas isolé du reste du corps.

La relation entre le tout et les parties peut se présenter sous différents aspects, et le rapport de dépendance entre la partie et le tout varie avec le domaine et le phénomène considéré. Ainsi, dans les fractales, l'holographie, l'homothétie, la perspective, une partie est semblable au tout ; dans la partie il y a le tout, et ce qui affecte la partie affecte le tout ; chaque partie est co-engendrante des autres parties et permet de reconstituer de proche en proche le tout. Il existe d'autres manières de reconstituer le tout à partir d'une partie ; par exemple, la moitié d'une image symétrique permet d'en reconstituer la totalité ; un fragment d'os trouvé par les paléontologues permet d'imaginer ce que devait être l'organisme complet, le tout ; certaines techniques de diagnostic médical, comme l'auriculothérapie, étudient ou traitent une partie du corps, l'oreille en l'occurrence, pour comprendre la maladie de l'organisme entier et le guérir.

En revanche, dans d'autres cas beaucoup plus courants, nous verrons que le tout est fondamentalement différent de la partie. A titre d'exemple, citons le conte bouddhique populaire dans lequel sept aveugles identifient un éléphant par une de ses parties. En mathématique ensembliste, un élément est d'une autre nature que l'ensemble auquel il appartient. En linguistique, un mot ou une phrase ont une signification, alors que leurs constituants, les lettres de l'alphabet, représentent seulement des sons. Sur un écran d'ordinateur, une image est composée d'un grand nombre de pixels qui ne sont que des points colorés ; de même, chaque touche de couleur d'un tableau impressionniste ne permet pas de figurer l'œuvre représentée.

« *L'échelle d'observation crée le phénomène* », constate Ferdinand Gonseth. Le passage d'une partie au tout équivaut à un changement de niveau. Le tout peut, à son tour, être considéré comme une partie d'un tout de niveau supérieur. De même, la partie peut être considérée comme un tout pour un niveau inférieur. C'est ainsi que se construit une hiérarchie de niveaux. Certains niveaux sont mieux organisés que d'autres. Le passage d'un niveau au niveau directement inférieur ou directement supérieur peut être plus ou moins bien formalisé par un ensemble de règles. Par exemple, en linguistique, il existe des règles de phonologie pour passer du niveau du phonème au niveau de la syllabe, des règles de syntaxe (συνταξις, *suntaxis*, « mise en ordre ») pour passer du mot à la phrase. En physique, il existe des règles de statistique ou thermodynamique pour passer du niveau de la molécule au niveau du gaz. Il n'est en général possible de considérer que les relations entre un niveau et le niveau immédiatement supérieur ou immédiatement inférieur.

Nombreux sont les philosophes, physiciens, biologistes et autres penseurs qui ont abordé ce sujet et ont utilisé la relation entre parties et tout comme outil de raisonnement. A commencer par René Descartes, qui préconise de décomposer un problème en éléments plus simples (analyse) ; la solution au problème résulte d'une recombinaison des solutions de chacun des problèmes élémentaires (synthèse). Dans la théorie du système général (abusivement traduit par « théorie générale des systèmes ») de Ludwig von Bertalanffy, comme dans la systémique et dans le structuralisme, l'idée essentielle est que l'identification et l'analyse des parties ne suffisent pas pour comprendre le tout. En systémique, il faut étudier les relations entre ces parties. En structuralisme, c'est la structure qui définit le système (le tout), plutôt que ses parties. Ces théories ont été appliquées en sociologie, linguistique, anthropologie, psychologie.

Le passage d'un niveau à un autre peut aboutir à un paradoxe. Par exemple, en mathématiques, l'ensemble de tous les ensembles est un élément de lui-même, ce qui est impossible. L'autoréférence ou le *bootstrap* sont du même ordre. Rappelons que le *bootstrap* fait référence aux aventures du baron de Münchhausen qui veut s'élever en l'air en tirant sur ses bottes. Le terme exprime comment un système peut s'amorcer à partir d'un état initial non défini. Il est appliqué notamment à l'origine de l'univers par Edgard Gunzig (*Que faisiez-vous avant le Big Bang ?*), à la constitution des particules élémentaires (chacune des particules peut être générée à partir d'autres particules tout aussi élémentaires), à l'informatique (un programme d'amorçage, un compilateur écrit dans son propre langage), etc.

**Systèmes et systémique**

Un système est un « tout » dont les parties peuvent interagir. La prise en compte d'une situation ou d'un état de fait sous la forme de système est importante pour le raisonnement, c'est pourquoi ce sujet a bien sa place ici. Précisons qu'un système n'est qu'une représentation et non une réalité, dont elle facilite la compréhension et l'étude, rien de plus. Comme le suggère le biologiste Claude Bernard : *« Les systèmes ne sont pas dans la nature mais dans la tête des hommes. »*

Rappelons tout d'abord quelques caractéristiques d'un système, à commencer par la notion d'équilibre, essentielle pour un système dit homéostatique. Un système est en équilibre si, mis dans cet état, il n'évolue plus. Lorsqu'une perturbation fait « sortir » le système de cet état d'équilibre, il peut ensuite retrouver cet état ou trouver un autre état d'équilibre. Les états d'équilibre sont appelés « attracteurs ». Si la perturbation est suffisamment petite, on se trouve dans le premier cas, appelé « résilience » (en physique, la capacité d'un matériau à revenir à sa forme initiale après avoir subi un choc ; en biologie, et par extension en économie ou en psychologie, la capacité d'un système à récupérer un fonctionnement ou un développement normal après avoir subi un choc, une crise ou un traumatisme). Si la perturbation est plus importante, le système quitte définitivement cet état d'équilibre. Il a alors deux possibilités : soit atteindre un autre état d'équilibre, soit être définitivement en déséquilibre.

La propriété des systèmes à se transformer d'un état initial vers un état final différent nous intéresse aussi ici, dans la mesure où cette transformation peut être représentative d'un raisonnement consistant à partir d'une hypothèse (état initial) pour aller vers une conclusion (état final), comme il a été présenté au chapitre 3.

Un système a des propriétés qui peuvent être qualifiées d'internes, ou structurelles, comme le nombre de ses éléments et leurs interactions, ou d'externes, comme les interactions avec l'extérieur. Pour les premières, un système est caractérisé par les liaisons qui existent entre ses éléments ; ces liaisons peuvent être plus ou moins fortes, plus ou moins rigides ; plus elles sont faibles et plus elles sont souples, plus les éléments sont individualisés. Quant aux interactions avec l'extérieur, cela suppose la prise en compte de la frontière entre le système et son environnement avec lequel il interagit. L'évolution du système dépend de la nature de cette limite. Si le système est dit

« ouvert », c'est-à-dire en communication avec l'environnement qui crée des contraintes (mécaniques, thermiques, chimiques, etc.), l'état d'équilibre du système change constamment. Dans le cas contraire, le système dit « fermé », c'est-à-dire sans interaction avec l'extérieur, tend à atteindre un état d'équilibre après lequel il n'évolue plus.

Un système peut être étudié « de haut en bas » ou *top-down* (les biologistes étudient le cerveau à partir du fonctionnement des neurones) ou « de bas en haut » ou *bottom-up* (les psychologues étudient le cerveau en le considérant comme faisant partie d'un individu pensant), une distinction que nous avons déjà faite au chapitre 7 (Général et particulier).

De là découlent deux approches complémentaires pour la définition des systèmes : (1) L'approche réductionniste consistant à considérer les éléments comme des systèmes composés eux-mêmes d'éléments appartenant à un niveau hiérarchique inférieur et, en imposant des contraintes à la combinatoire de ces éléments plus petits, reconstituer les contraintes portant sur les éléments initiaux. (2) L'approche holistique consistant à considérer que les éléments forment un système et que les interactions constatées entre ces différents éléments doivent être telles qu'elles maintiennent l'existence d'un système stable. L'approche réductionniste s'apparente à la démarche analytique, abordée ci-après, tandis que l'approche holistique rejoint – philosophiquement parlant – la finalité (cf. chapitre 3).

**La démarche analytique**

La démarche analytique est directement dérivée de l'organisation du tout en parties. Cette démarche, préconisée par Descartes (1596-1650), dans son *Discours de la méthode*, suppose que n'importe quel problème peut être découpé en étapes élémentaires. Elle se décline en quatre clés ou préceptes fondamentaux ainsi énoncés par Descartes :

*« Le premier était de ne recevoir jamais aucune chose pour vraie que je ne la connaisse évidemment pour telle, c'est-à-dire d'éviter soigneusement la précipitation et la prévention. Le second de diviser chacune des difficultés que j'examinerais en autant de parcelles qu'il se pourrait et qu'il serait requis pour les mieux résoudre. Le troisième de conduire par ordre mes pensées en commençant par les objets les plus simples et les plus aisés à reconnaître, pour monter peu à peu comme*

*par degrés jusques à la connaissance des plus composés. Et le dernier de faire partout des dénombrements si entiers et des revues si générales que je fusse assuré de ne rien omettre.* »

Ces quatre principes se résument par les quatre termes : reconnaissance de la vérité ; analyse ; synthèse ; vérification. Ce sont surtout les deuxième et troisième étapes qui mettent en exergue le passage du tout aux parties et des parties au tout, en établissant la possibilité de réduire une « difficulté » (sous-système d'un système plus global) en « parcelles » (éléments du système ou parties d'un tout) et de « remonter » ensuite au système (*bottom-up*).

## Le structuralisme

Le structuralisme peut être considéré comme une des sources de la systémique : pour les structuralistes, la structure possède une organisation implicite, un fondement objectif en deçà de la conscience et de la pensée.

Le structuralisme a été introduit d'abord en linguistique par Ferdinand de Saussure (*Cours de linguistique générale*). L'auteur montre que toute langue peut être vue comme un système dont chacun des éléments – signes qui se combinent et évoluent d'une façon qui s'impose à ceux qui la manient – n'est définissable que par les relations d'équivalence ou d'opposition qu'il entretient avec les autres éléments, cet ensemble de relations formant la « structure ».

Par extension, le structuralisme est un mode d'organisation de la pensée qui appréhende la réalité comme un ensemble formel de relations. S'inspirant de cette méthode, le structuralisme cherche à expliquer un phénomène à partir de la place qu'il occupe dans un système, suivant des lois d'association et de dissociation.

## Cartes et territoires

Une carte est généralement un modèle réduit d'une entité. L'observation (cf. chapitre 5, Sujet et objet) fournit des images des objets réels, lesquelles images sont différentes de la réalité. L'image d'un même objet dépend de l'observateur (on voit ce qu'on a envie de voir, ce qu'on s'attend à voir), du point de vue, de l'échelle, c'est-à-dire du niveau d'observation. Par exemple, un observateur quelconque ne voit pas les mêmes éléments sur une carte d'état-major et sur une mappemonde. De plus, pour une même image, les informations fournies dépendent des connaissances et des intentions de son utilisateur. Ainsi, un amateur de randonnées et un militaire de l'armée de terre ne voient pas la même chose sur la même carte à la même échelle, de même qu'un gynécologue-obstétricien voit plus de détails sur l'échographie d'un fœtus que la future mère à laquelle est présentée la même image.

Si la carte était parfaitement complète, elle devrait représenter tout ce qui se trouve sur le territoire concerné, et donc l'observateur avec sa carte. La relation entre un objet et sa représentation sur cet objet peut ainsi aboutir à une récession à l'infini, dont l'exemple type est l'image sur les boîtes de fromage « Vache qui rit », représentant la tête d'une vache portant des boucles d'oreilles formées par des boîtes de « Vache qui rit » sur lesquelles on retrouve la même image en taille réduite, et ainsi de suite. Cette autosimilarité est typique des fractales.

## Les fractales

Les fractales ont été inventées en 1974 par le mathématicien Benoît Mandelbrot. Elles peuvent être vues comme une incarnation de l'analogie : un objet fractal est analogue à lui-même quelle que soit la précision avec laquelle il est considéré. Autrement dit, chacune de ses parties est semblable au tout. Cette particularité est appelée « autosimilarité ». On parle aussi de conception *hologigogne* (gigogne en tout point), ce qui implique cette définition tautologique : un objet fractal est un objet dont chaque élément est aussi un objet fractal.

L'idée des fractales a été inspirée à Mandelbrot par l'observation des côtes bretonnes : si l'on regarde une partie de la côte à différentes échelles, elle a toujours la même allure. En d'autres termes, si l'on mesure la longueur de la côte en reportant le long de son périmètre un segment de longueur $l_1$ on obtient une longueur $L_1 = n_1 \times l_1$ ($n_1$ étant le nombre de report du segment). Si l'on prend un segment plus court $l_2$, on obtient une longueur $L_2 = n_2 \times l_2$ supérieure à $L_1$. Plus le segment $l_n$ servant à mesurer est petit, plus la longueur de la côte $L_n$ obtenue est grande, et si nous faisons tendre $l_n$ vers zéro, $L_n$ tend vers l'infini.

D'autres exemples de fractales existent dans la nature : le contour d'une fougère, les alvéoles sur la surface d'échange des poumons, les choux-fleurs et en particulier le chou romanesco, et dans une moindre mesure les arbres, certaines graminées, présentent une ligne ou une surface fractale. Des mathématiciens ont imaginé de tels objets, comme la courbe ou le flocon de Koch, l'éponge de Menger, etc., ainsi que des courbes et des surfaces beaucoup plus complexes, comme l'ensemble de Mandelbrot ou l'ensemble de Julia. Les premiers objets sont décrits comme une suite d'étapes de construction géométrique, tandis que les courbes correspondent à des séries algébriques. Dans tous les cas, le processus correspond à un nombre infini d'itérations. Un objet fractal ou une courbe fractale ne peuvent être représentés qu'approximativement, en s'arrêtant à un nombre fini d'itérations.

L'une des caractéristiques de ces objets est leur dimension non entière. Cette dimension, appelée « dimension de Hausdorff », est strictement supérieure à la dimension classique ou topologique (1 pour une ligne, 2 pour une surface, 3 pour un solide, etc.). Ainsi une ligne fractale aura une dimension de Hausdorff supérieure à 1 (dimension linéaire), mais inférieure à 2 (dimension surfacique). La dimension de Hausdorff de la côte de Bretagne est environ égale à 1,25, tandis que celle de la côte landaise, peu découpée, est pratiquement égale à 1. La surface des objets tels que les alvéoles pulmonaires, l'éponge de Menger ou le chou romanesco ont une dimension de Hausdorff comprise entre 2 (surface) et 3 (volume).

## L'holographie

Inventée par Dennis Gabor en 1948, l'holographie, du grec ολος (*holos*, « tout ») et γραφειν (*graphein*, « écrire ») est un procédé d'enregistrement photographique au laser, permettant de garder toute l'information sur l'objet ainsi photographié. Le procédé met en jeu deux faisceaux laser, dont l'un est réfléchi et diffusé par l'objet. Les deux faisceaux interfèrent et forment donc des franges d'interférence sur la plaque photosensible. Lorsque cette plaque est éclairée à nouveau par un faisceau laser de mêmes caractéristiques que celui qui a permis la photo, l'image obtenue restitue l'objet avec son relief, donc une image tridimensionnelle : l'hologramme.

Chaque point de l'hologramme contient des informations superposées provenant de la totalité de l'objet. L'examen ponctuel de l'hologramme ne fournit pas d'informations immédiates sur l'objet enregistré. C'est l'observation simultanée de tous les points de l'hologramme qui fournit une reproduction de l'objet. Si l'hologramme est brisé en plusieurs fragments, chaque fragment ne donne pas une image d'une partie de l'objet, mais une image globale de l'objet avec une définition moindre.

Une mémoire holographique peut utiliser cette caractéristique : toute partie de celle-ci restitue la totalité de l'information enregistrée, mais avec une faible précision, d'autant plus faible que la partie est petite par rapport au tout. C'est donc un système de mémorisation qui, à partir d'un fragment de mémoire, permet de reconstituer le tout.

**L'analyse non standard**

Contrairement à l'autoréférence et l'autosimilarité, l'analyse non standard s'applique à des objets fondamentalement différents selon l'échelle d'observation. Inventée par Abraham Robinson dans les années 1960, cette théorie fait état de deux niveaux d'observation pour lesquels un système change de propriétés : au niveau standard, le système apparaît comme lisse et continu, alors que, vu à la loupe, il se révèle granuleux et discret. Est standard un objet mathématique connu, définissable, comme la limite d'une série, par exemple $\pi$ (pi) ou les fonctions *sin* (sinus) ou *exp* (exponentielle). L'« ombre » d'un objet non standard est l'objet standard infiniment voisin. Ainsi, une courbe fractale peut être représentée par une courbe classique qui est un objet standard.

L'analyse non standard fait donc état de deux niveaux d'observation, un niveau macroscopique et un niveau microscopique, ou un niveau extérieur et un niveau intérieur, qui font apparaître des propriétés foncièrement différentes pour le même phénomène, à l'instar de la différence qui existe entre les propriétés des éléments (parties) et celles de l'ensemble (tout). Par exemple, le moiré, ou bien deux couches de voilage très fin à travers lesquelles passe la lumière, qui est un effet optique résultant de la superposition de deux réseaux très proches au niveau microscopique et présentant des motifs macroscopiques, peut être considéré comme un objet non standard.

**Notion d'émergence**

L'émergence exprime le fait qu'un ensemble constitué d'éléments simples peut avoir des propriétés nouvelles qui ne préexistent pas dans les éléments pris individuellement. Nous

connaissons de nombreux exemples d'émergence de propriétés d'un « tout » dont les parties n'ont aucune de ces propriétés. En voici quelques exemples :
- Un neurone seul n'a aucune propriété intéressante ; les propriétés fonctionnelles n'apparaissent que dans un réseau de neurones (le cerveau, ou un réseau de neurones artificiels).
- De la musique apparaît à partir d'une séquence de bruits ou ondes sonores.
- Un poème écrit acquiert un sens alors qu'il se compose d'un ensemble de simples points noirs sur du papier blanc.
- Une image surgit à partir de touches de peinture (impressionnisme, pointillisme).
- Une connaissance nouvelle peut émerger d'un ensemble de perceptions.
- Le déterminisme en physique classique s'impose à partir d'un ensemble de particules obéissant à des lois indéterministes (relations de Heisenberg).

Dans tous ces exemples, l'émergence d'un phénomène nouveau n'a lieu que lorsque les éléments de base sont suffisamment nombreux. L'émergence traduit le passage d'un niveau inférieur à un niveau supérieur, les deux niveaux définissant des concepts propres, obéissant à des lois différentes. Ce qu'on peut résumer par la formule antiréductionniste : « Le tout ne se ramène pas à la somme des parties ».

Du fait de l'émergence, nous ne pouvons pas expliquer le fonctionnement de la pensée par la biologie moléculaire, ni essayer de comprendre un texte imprimé en étudiant la composition chimique de l'encre utilisée pour l'impression, ni expliquer l'émotion que suscite une musique ou un tableau par les vibrations sonores ou par les taches de couleur.

**Des neurones au cerveau**

Nous allons détailler le premier exemple d'émergence car il est évidemment fondamental dans l'étude du raisonnement, puisque nous considérons que le cerveau est le siège de la pensée, donc que la pensée émerge du fonctionnement des neurones qui constituent le cerveau.

Rappelons qu'un neurone est une cellule nerveuse formée d'un corps cellulaire et d'un axone, chaque extrémité étant hérissée de dizaines voire de centaines ou de milliers de longues projections, les dendrites, qui s'étirent vers les terminaisons des autres neurones. La communication d'un neurone à un autre se fait par l'intermédiaire de synapses. Le signal propagé par un neurone, l'influx nerveux, est de nature électrique à l'intérieur de la cellule et est transmis d'une cellule à l'autre par un processus chimique au niveau de la synapse. C'est donc un processus de « reconnaissance » chimique qui permet aux cellules du cerveau de s'unir l'une à l'autre en créant des liaisons synaptiques. La vitesse de propagation de l'influx nerveux est bien plus faible que celle des circuits électroniques (le rapport est de l'ordre du millionième), mais c'est le nombre de cellules mises en œuvre qui permet au cerveau d'être si efficace : il est admis aujourd'hui que le cerveau humain comprend environ 100 milliards de neurones, chacun d'eux pouvant interagir avec quelque dix mille de ses voisins.

Les informaticiens, cybernéticiens, roboticiens ont montré la possibilité de créer des réseaux de neurones artificiels, ou réseaux neuromimétiques. Ces systèmes sont capables de réaliser spontanément une association entre état initial et état final, laquelle peut servir pour des applications de reconnaissance. Les propriétés d'un tel réseau dépassent celles de simples automates et montrent des comportements adaptatifs et individualisés. Ces systèmes fonctionnent de manière globale, les « connaissances » ne sont pas localisées sur un ou quelques-uns des composants. Chacun des composants n'a aucune des propriétés du réseau. Plus les composants sont nombreux, plus le comportement du réseau s'avère fiable dans la tâche pour laquelle il a été conçu, voire dans plusieurs tâches.

Un neurone artificiel est un petit automate, dispositif électronique ou optique, relié à un grand nombre de ses semblables. Ce modèle simplifié du neurone biologique a trois propriétés : c'est un automate pouvant se trouver dans plusieurs états d'équilibre stables, par exemple 1 (actif) et 0 (inactif) pour les neurones binaires. L'équivalent formel de la synapse est représenté par un coefficient synaptique, représentant la force de la liaison entre deux neurones. Enfin, le neurone artificiel est doté d'un microcalculateur qui fait la somme des signaux reçus via les connexions synaptiques et qui envoie un signal en sortie, lequel est une fonction non linéaire de l'entrée. Ce caractère non linéaire, impliquant l'existence d'un seuil d'excitation, est essentiel pour que le réseau puisse atteindre un état d'équilibre. Ainsi les réseaux neuromimétiques ont plusieurs états stables, dont chacun correspond à un minimum local d'énergie. Suivant l'état initial des neurones et la valeur des coefficients synaptiques, le réseau évolue spontanément vers l'un ou l'autre de ces états. L'apprentissage ou la mémorisation d'informations dans un tel système consiste à créer un nouvel état d'équilibre et éventuellement à le renforcer. Cela revient à modifier la valeur des coefficients synaptiques qui peut être soit +1 (connexion active), soit 0 ou -1 (inactive, suivant le type de réseau), ou encore une valeur de pondération comprise entre ces deux extrêmes.

Un réseau de neurones est donc un système qui, placé dans certaines conditions, est instable et va évoluer vers un nouvel état stable (provisoirement ou localement). De tels réseaux de neurones artificiels ont été expérimentés avec succès pour des applications de reconnaissance d'images : si le système a préalablement mémorisé la forme des différentes lettres de l'alphabet, une fois confronté à l'image d'une lettre déformée il évolue à partir de l'état correspondant à la lettre déformée (état instable) et s'arrête dans l'état stable le plus proche, qui correspond à la lettre mémorisée la plus ressemblante.

Cette évolution d'un état initial à un état final est évidemment significative de ce que nous avons appelé la « pensée dirigée » puisque, dès le début de cette étude, nous traitons le raisonnement comme un processus de pensée (ou un état d'esprit) évoluant dans un sens déterminé entre un état initial et un état final.

**Boîte noire, boîte blanche**

Nous avons vu dans ce chapitre qu'un objet ou une entité peut changer foncièrement, selon que nous l'examinons de l'extérieur, comme un tout, ou de l'intérieur, comme une assemblée de parties. Plus généralement, un système, qu'il soit naturel ou artificiel, biologique ou mécanique, peut être examiné de deux points de vue : (1) seules les entrées et les sorties sont considérées, c'est-à-dire les intrants et les résultats, et nous nous intéressons à la pertinence des résultats pour des intrants et des conditions données ; (2) seul est considéré le mécanisme proprement dit, le fonctionnement d'un organisme, en vue de son étude et éventuellement de son imitation pour réaliser une copie ou un artefact. Dans le premier cas, il s'agit de « boîte noire », dont l'intérieur est invisible ; dans le second cas, il s'agit de « boîte blanche », dont tout l'intérieur est visible.

Les artefacts sont soit de la première soit de la seconde catégorie. Par exemple, le célèbre canard de Vaucanson est un automate fondé sur un mécanisme d'horlogerie entièrement maîtrisé. C'est une boîte blanche. En revanche, un système de lecture automatique de caractères fondé sur les réseaux neuromimétiques est une boîte noire : nous observons que le système peut s'adapter à des entrées pour fournir les sorties attendues, mais ne savons rien du mécanisme. Ou bien, même si nous connaissons le mécanisme, nous ne pouvons pas expliquer pourquoi il faut affecter tel neurone artificiel de tel coefficient pour obtenir le bon résultat.

Le raisonnement peut être considéré également comme « boîte noire » ou « boîte blanche ». Dans le premier cas, nous dirons qu'un raisonnement est correct si, à partir de prémisses données, la conclusion nous paraît sensée ; dans le second cas, nous examinons seulement chacune des étapes et leur enchaînement qui mène des prémisses vers les conclusions.

# **CHAPITRE 9.**

> « *L'imagination, cette reine des facultés, a créé, au commencement du monde, l'analogie et la métaphore.* » (Charles Baudelaire)

**Raisonnement qualitatif**

Opposé au raisonnement quantitatif, fondé sur les nombres, le raisonnement qualitatif est pertinent dans les domaines où, pour prendre des décisions, il n'est pas nécessaire de disposer d'évaluations. Alors que l'approche classique ne peut raisonner qu'à partir de données chiffrées ou valuées, l'approche qualitative permet de raisonner sur un objet ou un système dont nous n'avons qu'une description qualitative.

Il existe différentes sortes de raisonnement qualitatif, dont le plus répandu est le raisonnement basé sur un modèle. Par exemple, pour effectuer un diagnostic médical ou industriel, on interprète les résultats trouvés par comparaison à un modèle (lequel modèle est le fonctionnement normal). C'est ainsi qu'on peut détecter précocement des anomalies de fonctionnement en mécanique, que l'on contrôle des installations industrielles, la circulation automobile ou des processus biologiques. C'est aussi avec le raisonnement basé sur un modèle que sont faites les prévisions météorologiques (la variation de la pression atmosphérique compte plus que sa valeur absolue) ou les prévisions économiques (la vitesse de croissance ou de décroissance d'une valeur sont plus importantes que la valeur elle-même ou que son taux de croissance).

Les physiciens raisonnent souvent de cette manière. En physique des particules, ils prennent en compte la force nucléaire sans connaître son intensité avec précision. En astrophysique, la théorie du « Big Bang » a été édifiée avant de connaître des valeurs numériques pourtant fondamentales : vitesse d'expansion, âge de l'univers, rayon de l'univers, masse totale de la matière... Il est possible de spécifier des liens entre paramètres (causalité, par exemple) sans préciser la forme de cette dépendance. Par exemple, la loi de Joule en électricité $U = R\,I$ peut s'exprimer qualitativement de la manière suivante : « à tension constante, plus la résistance est faible, plus l'intensité est grande. » Pour suivre la tendance d'un paramètre, il vaut mieux que celui-ci soit une fonction assez régulière (continue et à dérivée continue).

Les variables qualitatives prennent généralement leurs valeurs sur un espace discret de grandeurs ne comportant qu'un petit nombre d'éléments (faible/fort, positif/nul/négatif, croissant/constant/décroissant, rouge/vert/bleu/jaune...) éventuellement muni d'une relation d'ordre (par exemple : mauvais < moyen < bon < excellent). Nous verrons que certaines logiques non standard, la logique floue en particulier, peuvent être rattachées au raisonnement qualitatif.

**Raisonnement associatif**

Avant même de penser consciemment à une analogie, une similitude, une correspondance, nous pensons par association d'idées : une idée, suscitée par un stimulus extérieur (image, bruit, odeur, etc.), en fait naître une autre, et encore une autre, une série, et ainsi de suite. Si donc nous avons déjà rencontré un objet ou événement associé à un autre, lorsque nous rencontrerons à nouveau cet objet ou cet événement, automatiquement il nous évoquera cet autre. L'association d'idées est associée à la mémoire, d'où le nom de « mémoire associative » qui peut être considérée comme un raisonnement et dont nous allons exposer le principe.

Pour simplifier, nous expliquons d'abord le fonctionnement de ces mémoires particulières telles qu'elles peuvent être mises en œuvre dans les ordinateurs. Comme toute autre mémoire, une mémoire associative a pour fonction de garder des informations. Alors que dans les mémoires classiques une information est accessible par son emplacement dans la mémoire (son « adresse »), une information d'une mémoire associative n'est pas localisée ; elle est distribuée sur l'ensemble du dispositif qui tient lieu de mémoire, tous les éléments de mémoire étant interconnectés. On accède à une information par association. Ce peut être une ressemblance : par exemple, si la donnée présentée en entrée ressemble à ce que l'on cherche, on récupère en sortie exactement l'information recherchée. Ce peut être aussi une association entre deux informations différentes : lorsqu'une information est entrée, la mémoire fournit en retour une autre information, associée à la première, ou même une série d'informations, voire une boucle qui se referme sur elle-même.

C'est probablement ce qui se passe avec les idées dans le cerveau humain et qui peut être mis en œuvre dans les réseaux neuromimétiques (cf. chapitre 8). Ainsi, face à une information erronée (par exemple, une faute d'orthographe ou bien des lettres manquantes dans un mot ou une phrase), nous avons tendance à rectifier ou compléter automatiquement et immédiatement l'erreur, sans apparemment faire appel à un processus de raisonnement.

Ce fonctionnement est à rapprocher du raisonnement par répétition ou reproduction (cf. chapitre 7), mais il atteint un niveau supérieur puisqu'il y a similarité et non identité. Il évoque aussi le rapport entre le tout et les parties (cf. chapitre 8) dans la mesure où à partir d'un fragment de mémoire il est possible de reconstituer un tout (mémoire holographique).

**L'analogie**

Sœur inséparable de l'intuition (cf. chapitre 7), l'analogie, la métaphore ou la transposition, réalise une correspondance entre la structure ou les lois qui régissent deux domaines différents. Cette correspondance est suggérée par la similitude ou la ressemblance entre les deux domaines. Là aussi, le raisonnement se situe à un niveau au-dessus de la répétition/reproduction pure et simple d'une proposition. La poésie et l'art en général, comme la pensée mystique et symbolique, religieuse, mythologique, magique, empruntent la voie de l'analogie ou des « correspondances ». Évoquons à ce sujet *Le démon de l'analogie*, poème en prose de Mallarmé (composé en 1864 et publié dans la *Revue du Monde nouveau* en 1874), le poème *Correspondances* de Baudelaire et le texte *La reine des facultés* (Le Salon de 1859) du même Baudelaire, qui affirme que l'imagination, précisément qualifiée de « reine des facultés », *« a créé au commencement du monde, l'analogie et la métaphore. »*

L'analogie est souvent considérée comme un mode de pensée préscientifique. Elle a été largement utilisée au moyen-âge, par exemple en alchimie (« Ce qui est en haut est comme ce qui est en bas », la fameuse devise d'Hermès Trismégiste), en astrologie (les astres reflètent le destin des hommes), dans la religion (l'homme a été créé à l'image de Dieu) et en tous temps pour exprimer les traditions (relations parents-enfants, etc.). Toutefois, même aujourd'hui, si elle ne comprend ni calcul ni explication, et si elle est toujours approximative, l'analogie est un mode de pensée très largement utilisé, consciemment ou non, dans tous les domaines, et notamment en sciences. Leibniz en fait largement usage et la définit ainsi : « *Un objet exprime un autre objet s'il existe un rapport constant et régulier entre ce que l'on peut énoncer de l'autre.* » En physique, l'analogie se montre très féconde, à diverses époques, malgré l'inexactitude évidente des correspondances qu'elle établit, pour comprendre certains phénomènes. Citons en particulier l'analogie entre : mécanique et optique (balle qui rebondit/lumière réfléchie) ; mécanique et électricité (oscillations) ; électricité et fluides (courants). Certaines analogies se sont révélées fausses, mais elles ont servi à faire avancer la science. Ainsi, au début du XX$^e$ siècle les physiciens atomistes voyaient l'atome comme un système planétaire en miniature, identifiant le noyau au soleil et les électrons aux planètes qui gravitent autour, et la force électromagnétique à la gravitation (modèle d'Ernest Rutherford).

L'analogie est utilisée comme principe heuristique, car elle peut pousser le raisonnement à suivre une certaine direction, à présumer de la solution d'un problème scientifique, à la conclusion d'une prémisse. En tant que telle, nous pouvons la considérer comme une méthode au sens premier (cf. chapitre 6, Qu'est-ce que raisonner ?). Nous y avons eu largement recours, notamment pour présenter le fonctionnement de l'ordinateur et celui du cerveau.

**Raisonnement basé sur le cas**

L'un des modes de raisonnement analogique les plus courants est le raisonnement basé sur le cas. Il s'agit de trouver une ou des solutions à un problème, même si nous ne savons pas quelles règles ou quelles lois appliquer, dans la mesure où ce problème a déjà été résolu précédemment. Il est alors appelé « cas ». Nous pourrions assimiler cette forme de raisonnement à une simple répétition, ce qui le ramènerait au degré zéro (cf. chapitre 7). Mais le raisonnement basé sur le cas ne se limite pas à répéter ou reproduire simplement ce qui a déjà été dit ou écrit pour résoudre un problème ou répondre à une question. Lorsque nous avons rencontré et mémorisé un grand nombre de cas (problèmes résolus), si nous sommes confrontés à un nouveau problème, nous commençons par le comparer aux différents cas que nous connaissions déjà, et choisissons le cas le plus proche du nouveau problème pour résoudre ce dernier.

Lorsque de nombreux cas ont été accumulés, nous avons tendance à faire des généralisations, consistant à regrouper entre eux des cas similaires. Le raisonnement par analogie ou raisonnement basé sur le cas débouche ainsi sur un autre type de raisonnement que nous étudierons plus loin : l'induction ou l'abduction (cf. chapitre 10).

**Analogie, modèle ou artefact**

Nous avons déjà souligné que l'analogie joue un rôle central dans la pensée dite préscientifique : la magie, l'alchimie, la théologie, la mythologie, les rites, l'astrologie et plus généralement la pensée symbolique. Elle s'exprime notamment dans la fameuse expression attribuée à Hermès Trismégiste (lui-même personnage mythique) dans la *Table d'émeraude* : « Ce qui est en bas est comme ce qui est en haut ; et ce qui est en haut est comme ce qui est en bas ». Prétendant faire de l'homme une image réduite du cosmos (ou de Dieu), elle vise en fait à apporter des connaissances sur l'inconnu, à donner accès à l'inaccessible (le cosmos, Dieu) en passant par ce qui est à notre portée (l'homme, par exemple).

Au contraire de Descartes, qui expliquait tout et ne calculait rien, et de Newton, qui calculait tout et n'expliquait rien (tous deux s'inscrivent dans une démarche logique), l'analogie ne calcule pas et n'explique pas, mais donne des modèles de certaines situations, de certains phénomènes. Elle propose un raisonnement global, contrairement à la démarche analytique qui consiste à découper le raisonnement en éléments plus simples (cf. chapitre 8). En prenant la métaphore du voyageur qui se rend à une adresse déterminée, nous comparerons le raisonnement par analogie à l'utilisation d'un plan du quartier, et le raisonnement analytique à l'énumération des étapes à franchir (100 m tout droit, tourner à gauche, prendre la deuxième rue à droite, compter 40 pas, etc.).

L'analogie est omniprésente dans tous les modes de raisonnement, et en particulier largement utilisée dans les sciences, même si les scientifiques n'en sont pas conscients, voire le dénient. Il existe, par exemple, une analogie implicite entre physique et mathématique. C'est cette analogie qui permet d'exprimer les lois physiques sous forme mathématique. Inversement, les mathématiciens ont pu utiliser des lois physiques pour réaliser des calculateurs, en appliquant par exemple la loi des courants (la formule $I_1 + I_2 = I$ se traduit : dans un montage en parallèle, le courant principal est la somme des courants passant dans les branches parallèles) qui est à la base du calculateur analogique inventé à la fin du XIX$^e$ siècle.

La plupart des sciences utilisent implicitement l'analogie en s'inspirant de modèles réels ou en utilisant des modèles simplifiés pour étudier des objets ou phénomènes réels. Dans le premier cas on parle d'**artefacts**, dans le second de **modélisation**. L'artefact est un système artificiel – automate, ordinateur, robot ... – qui reproduit de manière simplifiée et bien contrôlée le comportement d'un système naturel ou simule celui-ci. Quant à la modélisation, elle fait appel à un modèle pour étudier un système complexe, le modèle étant analogue ou semblable au système considéré, du moins pour certaines caractéristiques ou pour certains comportements, mais plus simple, mieux connu, plus accessible ou plus facile à contrôler que le système en question. Le modèle existe indépendamment de l'objet qu'il est censé représenter et peut être étudié en tant que tel. Un modèle peut être complètement défini, contrairement à un objet réel. Il peut donc se prêter à un traitement automatique, d'où l'importance de la modélisation en informatique.

L'aéronautique est l'un des principaux domaines d'application de ces deux techniques : les premiers constructeurs d'avions (mot dérivé du latin *avis*, « oiseau ») ont cherché à imiter la forme de l'oiseau, du moins en vol plané, pour créer les premiers artefacts. Ensuite, la modélisation sert à calculer au mieux les dimensions et autres paramètres de l'engin. De même, le fuselage des sous-marins est inspiré par les animaux marins (dauphins), les premières automobiles imitaient les voitures à chevaux, les wagons des premiers trains de voyageurs reproduisaient la forme les diligences. Lorsque l'analogie s'inspire du modèle vivant, on parle de « bionique ».

Du fait de l'importance du modèle, l'image joue un rôle très important dans le raisonnement analogique. Les avantages de l'image sont nombreux : intuitive (une image en dit souvent plus qu'un long discours), pluridimensionnelle (au moins 2 dimensions), elle peut contenir beaucoup d'informations de différents types (forme, couleur, détails de divers niveaux), informations qui peuvent être prises en compte dans un ordre quelconque. De plus, l'image peut être facilement transmise, contrairement à des informations provenant d'autres sens que la vision.

## Théorie des catastrophes et morphogénèse

La théorie des catastrophes est un modèle pour décrire des situations critiques dans différents domaines. Elle vise à remplacer l'intuition sémantique (subjective) par l'intuition géométrique (plus objective). C'est pourquoi elle peut être rattachée aussi bien à l'intuition qu'au raisonnement analogique (analogie entre phénomènes et formes géométriques). Son inventeur, René Thom, en a eu l'idée en voyant un modèle en plâtre représentant la gastrulation de l'œuf de la grenouille. *« En voyant le sillon circulaire qui se formait pour se refermer par la suite, j'ai vu, par un phénomène d'association, l'image d'une fronce associée à une singularité. »*

La théorie des catastrophes s'applique à la discontinuité, un domaine que ne peuvent pas traiter les mathématiques classiques (fonction, dérivabilité, etc.). Elle décrit un phénomène et non pas son analyse causale. C'est une théorie locale et non pas globale, contrairement à la vocation de la plupart des théories scientifiques. L'analogie est faite ici non avec l'algèbre et l'analyse (équations mathématiques), mais avec la géométrie et la topologie. En effet, la théorie des catastrophes s'appuie sur la morphologie, c'est-à-dire l'étude des formes, et permet de caractériser un phénomène en tant que forme topologique. Elle est donc d'abord appliquée à la morphogénèse (étymologiquement la naissance des formes), théorie inventée par Alan Turing, qui applique les mathématiques à la biologie. C'est une méthodologie permettant de caractériser un phénomène en tant que forme, puisqu'elle utilise le langage de la topologie, qui comprend l'étude des espaces qui peuvent être étirés ou déformés, mais pas coupés ni collés. C'est une théorie qualitative car elle ne comporte pas de mesure. Plutôt qu'un langage, la théorie des catastrophes est une « vision » (rappelons que le verbe grec θεωρειν, *théoréin*, signifie « observer », « examiner », « contempler ») permettant d'organiser les données de l'expérience dans les conditions les plus diverses.

Cette tentative de « géométrisation » de la pensée permet de traduire d'une manière plus intelligible des concepts dont la signification n'est pas claire ni univoque : complexité, ordre, désordre, organisation, chaos, information... en donnant des modèles géométriques et topologiques de certaines situations : l'analogie est faite avec une nappe déformable, dont une singularité (fronce, pli, trou…) est identifiée à une catastrophe. Pour comprendre la théorie des catastrophes, il faut faire appel aux notions topologiques de régularité, de voisinage, d'attracteur, de bifurcation. Un attracteur est analogue à un creux dans une nappe en caoutchouc, qui a la propriété d'attirer toutes les trajectoires qui tendent vers lui. Certaines trajectoires peuvent être dans l'orbite de plusieurs attracteurs, ce qui crée une bifurcation, impliquant une crise au sens étymologique du grec κρισις (*krisis*, « action ou faculté de distinguer, séparer, décider »). Une fois engagé dans une branche de la bifurcation, il n'est plus possible de passer à l'autre branche.

La théorie des catastrophes est un mode de raisonnement analogique applicable à bien des domaines, notamment en cristallographie (un point catastrophique est un défaut dans un cristal), en économie (notion de crise), en linguistique, en psychologie comportementale (bifurcation qui fait d'un animal une proie ou un prédateur, qui fait naître la peur ou la colère), etc.

**Analogie informatique : le paradigme de l'ordinateur**

Dès les débuts de l'informatique, une analogie homme-ordinateur a été mise en évidence, au travers d'expressions comme « cerveau électronique » ou « intelligence artificielle » (cf. chapitre 1). Cette analogie repose en partie sur la capacité de l'ordinateur à reproduire des fonctions simples comme les opérations mathématiques, mais aussi certains raisonnements. En attribuant des capacités de raisonnement à un dispositif artificiel, obéissant à des lois mécaniques (pour la partie matériel) et commandé par un système de traitement de l'information réductible à des séquences de calculs ou d'algorithmes (pour la partie logiciel), on réalise un artefact de l'esprit humain, lequel peut, en retour, fournir un modèle, même très approximatif, du fonctionnement de cet esprit, et surtout un champ d'expérimentation non négligeable pour approcher ces processus. C'est le « paradigme computationnel » : si l'on sait bien comment fonctionne le raisonnement, il est possible de l'automatiser, c'est-à-dire de le faire exécuter par l'ordinateur, et inversement.

Mais ce modèle a ses limites : on ne peut pas se contenter de faire le rapprochement entre matériel informatique et cerveau, et entre logiciel et pensée. En effet, si nous pouvons considérer que la pensée est le produit du cerveau, le logiciel n'est en aucune manière le produit du matériel informatique, mais le complément nécessaire, sans lequel l'ordinateur ne serait que « quincaillerie », c'est-à-dire un ensemble de pièces mécaniques, n'obéissant qu'aux lois de la physique, et non des composants capables de traiter de l'information. Inversement, le logiciel seul est incapable de fournir un résultat ; sans support matériel, il ne peut être que l'hypothèse d'une expérience de pensée.

En admettant donc le paradigme computationnel, et compte tenu de ces limitations, tous les événements ou processus psychologiques ou sociologiques peuvent être comparés aux différents types de programmation : ainsi, le travail d'un expert résolvant des problèmes de manière heuristique dans un domaine spécialisé peut être comparé à un programme d'intelligence artificielle appelé « système expert », tandis que le travailleur à la chaîne, adepte du taylorisme, sera assimilé à un programme classique, à instructions séquentielles.

L'ordinateur n'aide pas à raisonner, mais il est nécessaire de connaître le raisonnement pour écrire des programmes (logiciel). A partir de données entrées (état initial), le programme fournit un résultat en sortie (état final). Entre entrées et sorties, le programme est la décomposition du raisonnement en éléments simples ou « algorithmes » (cf. chapitre 1, Algorithmique). Dans ce cas, c'est le programmeur (humain) qui décompose le raisonnement pour l'implémenter sous la forme de logiciel dans l'ordinateur. S'il y a une erreur dans un programme, celui-ci ne fonctionne pas normalement. L'ordinateur est donc une sorte de test pour le raisonnement. Les informaticiens ne savent automatiser que les modes de raisonnement les plus simples et en se restreignant à des domaines et des situations bien définis et très limités.

## Deux modèles pour l'intelligence

Pour se rapprocher du modèle humain, l'informatique a emprunté deux voies de recherche principales : l'intelligence artificielle (IA) ou approche cognitiviste, et les automates ou approche cybernétique. Dans la première, il est possible de détailler toutes les étapes du raisonnement (« boîte blanche »), alors que dans la seconde voie, seules les entrées et les sorties sont connues, et non le processus (« boîte noire »). Pour résumer, l'IA part d'une analyse de la manière dont les humains procèdent pour résoudre les problèmes ou les apprendre, tente de restituer cette démarche en la décomposant en unités élémentaires (modélisation descendante). Tandis que les réseaux neuromimétiques tentent de produire des phénomènes complexes, comme l'apprentissage ou la reconnaissance de formes, à partir d'opérations très élémentaires (modélisation ascendante).

L'approche cognitiviste consiste à simuler les fonctions caractéristiques de l'intelligence. Pour cela, l'ordinateur est doté d'un ensemble de « connaissances » qui sont jugées utiles à la résolution d'un problème ou d'une catégorie de problèmes (« base de connaissances ») et d'un programme spécial, appelé « moteur d'inférence » qui utilise ces connaissances au fur et à mesure du besoin et en fonction de la situation initiale (« base de faits ») sans nécessiter d'intervention humaine en cours de raisonnement. C'est le programme informatique qui sélectionne les connaissances nécessaires et les enchaîne pour parvenir à la conclusion souhaitée (résolution du problème). L'ensemble formé par la base de connaissances, le moteur d'inférence et la base de faits constitue un « système expert ».

L'approche cybernétique consiste à établir un modèle du système qui produit de manière relativement autonome un raisonnement. Cette approche a été lancée par Norbert Wiener en 1948, qui l'a nommée à partir du terme grec κυβερνησις (*kubernèsis*, « action de gouverner, de diriger avec un gouvernail »). Elle étudie l'activité par laquelle un organisme ajuste son équilibre à la suite d'une stimulation ou d'une perturbation. L'une de ses applications est la régulation des systèmes biologiques, qui font intervenir la notion de rétroaction (*feedback*) très importante dans les processus de contrôle et d'apprentissage.

En introduction, nous avons vu qu'il existe deux manières d'étudier le raisonnement (examen clinique et introspection).

L'ordinateur nous offre une troisième manière de l'étudier : il nous permet de créer des modèles du raisonnement et de vérifier si, à partir d'une situation initiale, il donne le même résultat qu'un raisonnement humain. L'examen du programme qui réussit ainsi cette analogie nous donne une image de ce que serait notre raisonnement. Mais l'ordinateur ne fournit que des modèles. *« La carte n'est pas le territoire »*, comme l'a souligné Alfred Korzybski (*la Sémantique Générale*).

# CHAPITRE 10.

> « *C'est une vérité généralement admise que le langage est un instrument de la raison humaine.* »
> (George Boole)

**La logique**

  Même si nous l'avons déjà évoquée dès les trois premiers chapitres, le lecteur pourra néanmoins s'étonner que nous abordions réellement la logique si tardivement dans ce traité consacré au raisonnement, alors que, selon le Dictionnaire de l'Académie Française (1762-1932), elle est définie comme la science qui « enseigne à raisonner juste ». De fait, le raisonnement est souvent assimilé à la logique et « raisonnement logique » sonne comme un pléonasme. L'objet des chapitres précédents est de montrer qu'il existe ou qu'il préexiste de nombreuses autres formes de raisonnement que la logique, et l'idée de l'aborder seulement au milieu de cet ouvrage pourrait faire penser à une pépite dégagée de la gangue qui l'entourait. Mais le lecteur aura sans doute compris à ce stade que, parmi les autres formes de raisonnement abordées, certaines sont au moins aussi estimables et dignes d'intérêt que la logique proprement dite.

  La logique peut incontestablement être considérée comme la reine des méthodes de raisonnement. Fondée sur des principes, à l'instar de la grammaire pour une langue, elle peut s'appliquer indifféremment à tous les domaines et se prête à la généralisation. C'est donc une méthode assez économique pour essayer de comprendre l'univers. Une méthode universelle, en quelque sorte. Elle est ainsi étroitement liée au discours, donc au langage formalisé, de sorte que l'expression « logique formelle » apparaît quasiment comme un pléonasme.

La logique n'a pas vocation à prévoir ou à inventer, elle décrit de manière linéaire une démarche dans un langage formalisé ; elle désigne l'établissement d'un ordre entre des éléments qui s'enchaînent entre deux extrémités : le début et la fin du raisonnement, l'hypothèse et la conclusion, la cause première et l'effet (cf. chapitre 3). Partant de prémisses déterminées, elle conduit en principe à un résultat unique. Elle peut être schématisée sous la forme d'arborescence dont les nœuds sont des propositions et les branches des conditions (cf. chapitre 2). Dans l'échelle des raisonnements présentée en introduction, la logique occupe une place de choix car c'est le mode de raisonnement qui se prête le mieux à la formalisation (cf. tableau du chapitre 7).

**Origine et formes de la logique**

La paternité de la logique est souvent attribuée à Aristote. Celui-ci, dès sa première œuvre consacrée à cette matière sous le nom de *Topiques*, étudie la logique en relation avec la rhétorique. La logique est ainsi envisagée, dès ses débuts, comme un moyen d'action sur les esprits, servant moins à établir la vérité qu'à convaincre un auditoire. Aristote développe cette matière en particulier dans son traité intitulé *Métaphysique* (*livre Γ, chap. VII*). La philosophie grecque à l'époque d'Aristote distingue différentes sortes de discours que nous pouvons rattacher à diverses conceptions actuelles du raisonnement : « apodictique » (du grec αποδεικτικος, *apodéiktikos* : « démonstratif », « propre à convaincre »), « épidictique » (επιδεικτικος, *épidéiktikos* : « qui sert à montrer », « déclamatif »), « dialectique » (διαλεκτικος, *dialektikos* : « qui concerne la discussion » – cf. chapitre 6), etc.

Liée au discours, la logique implique une loi, ou un ensemble de lois, à l'intérieur d'un domaine donné. De sorte qu'aujourd'hui le terme revêt une autre acception qui est celle d'un discours utilisé dans un domaine donné, et plus généralement il est compris abusivement dans le sens d'un corpus lexical spécifique à un métier, par exemple dans l'expression « logiques professionnelles ».

Depuis Aristote, plusieurs formes de raisonnement logique ont été recensées et explicitées : le syllogisme, l'implication, l'inférence classique ou méthode hypothético-déductive (ou ***modus ponens***) ; le raisonnement par l'absurde également appelé « contraposition » (ou ***modus tollens***) ; l'inférence statistique, l'induction et ses différentes déclinaisons (l'énumération, le raisonnement basé sur le cas, le raisonnement par récurrence)…

La forme de raisonnement logique la plus fameuse, sinon la plus ancienne, est le « syllogisme », ainsi défini par Aristote : *« Un syllogisme est un discours dans lequel, certaines choses étant posées, quelque chose d'autre que ces données en résulte nécessairement par le seul fait de ces données. »* L'exemple type de syllogisme, attribué à Aristote, est le suivant :

*Tous les hommes sont mortels.*
*Socrate est un homme.*
*Donc Socrate est mortel.*

Descartes et l'école de Port-Royal ont développé la théorie d'Aristote, explicitant le syllogisme sous sa forme canonique, qui consiste dans un système de trois propositions : deux prémisses – la « majeure » ou universelle, la « mineure » ou particulière – et la conclusion.

Si le syllogisme à trois propositions a été popularisé dans la Grèce classique, la philosophie indienne, et notamment l'école *nyâya*, a élaboré une logique plus complexe, avec un syllogisme comprenant au moins cinq propositions au lieu de trois, dont voici un exemple :

(1) *Sur la montagne il y a du feu* (la thèse affirmée)
(2) *Car sur la montagne il y a de la fumée* (la raison)
(3) *Où il y a de la fumée il y a du feu* (l'exemple)
(4) *Sur cette montagne il y a de la fumée* (l'application au cas donné, l'observation)
(5) *Par conséquent, sur cette montagne il y a du feu* (la conclusion).

**Un mode de raisonnement universel**

Descartes, poursuivant et approfondissant la pensée d'Aristote, et partant du principe que l'entendement est « toujours identique », veut nous convaincre qu'il existe une méthode unique universelle pour toutes les sciences, qu'il développe dans son *Discours de la méthode*. A la suite de Descartes, Antoine Arnauld et Pierre Nicole publient en 1662 un traité de logique intitulé *La logique, ou l'art de penser*, plus connu sous le nom de « Logique de Port-Royal ». Fondé sur les thèses aristotéliciennes, cet ouvrage est structuré selon les quatre aspects de la pensée rationnelle : comprendre, juger, déduire, ordonner. Ces auteurs se distinguent cependant d'Aristote et de Descartes sur plusieurs points. D'abord, par la façon dont ils traitent les questions de la logique en liaison étroite avec celles de la psychologie : beaucoup de faux jugements viendraient de la précipitation d'esprit et du défaut d'attention, qui fait que l'on porte des jugements prématurés sur ce que l'on ne connaît pas encore assez. Ensuite, ils reviennent sur l'idée d'universalité prônée par Descartes. Enfin, ils remettent en cause la table des catégories d'Aristote, la jugeant arbitraire.

A la même époque, Spinoza développe la théorie de l'unicité de la méthode scientifique, sous la forme d'une démonstration quasi mathématique, géométrique, qu'il applique même à la psychologie humaine. Suivant l'exemple d'Euclide dans ses *Éléments*, Spinoza commence son *Éthique* par une série de définitions, puis il expose les propositions indubitables ou axiomes (du grec αξιωμα, *axioma*, dérivé du verbe αξιειν, *axiéin*, « évaluer », « apprécier », « juger digne »). A partir de ces définitions et axiomes, il déduit les propositions, à l'instar de théorèmes mathématiques. Ainsi, en partant d'un petit nombre d'éléments de base, il construit de façon purement logique tout l'univers et l'ordre de cet univers.

Malgré ces nuances, la pensée cartésienne, forte de l'héritage d'Aristote, est largement admise comme le raisonnement scientifique par excellence, et la logique qui en découle est considérée comme unique et universellement applicable. Elle part du principe que les prémisses sont réputées vraies, que le raisonnement, aussi complexe soit-il, peut être découpé en éléments simples qui peuvent s'exprimer mathématiquement, et que le raisonnement final est complet. Ce raisonnement, issu de la pensée dite des lumières, est fondé sur la croyance dans un total déterminisme et sur l'idée qu'il existe une façon simple de décrire scientifiquement la réalité.

## Les principes de la logique classique

La logique classique, aristotélicienne ou standard, celle que Descartes a développée dans son *Discours de la méthode* et que les cartésiens ont considérée comme universelle, a été formalisée par Leibniz sous la forme de trois principes appliqués à des choses élémentaires :

- « *une chose est égale à elle-même* » ou « *un énoncé vrai est vrai* » (principe d'**identité**) ;
- « *une chose n'est pas son contraire* » ou « *un énoncé ne peut pas être vrai et faux* » (principe de **non-contradiction**) ;
- « *une chose a soit une qualité, soit le contraire de cette qualité* » ou « *un énoncé est soit vrai, soit faux* » (principe du **tiers exclu**).

Leibniz place au premier rang le principe d'identité, en raison du principe de raison suffisante et en lui donnant la formulation ontologique : « *Toute chose est ce qu'elle est* ». Il fait découler logiquement les deux autres principes du principe d'identité, le principe de non-contradiction étant le revers du principe d'identité : « *Il est impossible qu'une chose à la fois existe et n'existe pas.* » A côté de cette formulation, il avance une autre formule purement logique : « *Toute proposition est soit vraie soit fausse* », ou bien : « *Tout ce qui se contredit est faux et tout ce qui contredit le faux est vrai* », ce qui met en exergue les concepts de vrai et de faux, et qui résume à la fois le principe de non-contradiction et celui du tiers exclu. Leibniz dit encore qu'il n'y a pas de terme moyen entre le vrai et le faux.

Avant Aristote, c'est chez Parménide que l'on trouve les premières affirmations des principes d'identité et du tiers exclu. Parménide définit le principe d'identité comme une loi de l'être même, à la suite de quoi il rejette la possibilité de penser le changement des choses.

Revenons sur les trois principes et leurs conséquences. Le premier principe apparaît comme une tautologie, qui s'exprime comme l'identité de deux propositions identiques : $p = p$. Le principe de non-contradiction nie la conjonction (ou affirme la disjonction stricte) de $p$ et non-$p$, c'est-à-dire qu'une proposition ne peut être à la fois vraie et fausse. Le principe du tiers exclu équivaut à la complémentarité de $p$ et non-$p$, c'est-à-dire qu'une proposition doit être soit vraie soit fausse.

Les trois principes impliquent une division implicite du monde en catégories, essentiellement deux catégories, comme l'intérieur et l'extérieur d'un ensemble : « *Dès que vous percevez un objet, vous tracez une ligne entre lui et le reste du monde.* » En particulier le principe de non-contradiction peut être compris soit comme l'interdiction d'admettre deux jugements dont l'un nie ce que l'autre affirme, soit comme l'interdiction d'admettre comme vrai un jugement qui inclut une contradiction, c'est-à-dire dans lequel le prédicat contredit le sujet.

Du fait de la binarité des valeurs de vérité ou « bivalence » (« vrai » et « faux »), la logique classique peut être facilement implémentée dans les ordinateurs, puisque ceux-ci sont fondés sur deux valeurs : le courant passe ou ne passe pas. L'ordinateur utilise donc une correspondance entre des lois physiques (le courant électrique, notamment) et les mathématiques (opérations arithmétiques).

**Failles et écueils de la logique**

La logique fournit un moyen d'expression évident, puisque c'est la langue naturelle. Les mots et la ponctuation ont une grande importance, et l'argumentation nécessite une grande rigueur dans l'utilisation des notions grammaticales et syntaxiques, en particulier dans l'usage des conjonctions de coordination (*et, ou, ni, donc, car, or, mais, enfin*…) et de subordination (*si, comme, quand, parce que, quoique*…). Mais cette langue naturelle est aussi source de pièges ou d'impasses qui ont pour noms le « sophisme », le « paralogisme » et la « tautologie ».

Nous avons vu au début de ce chapitre que la forme de raisonnement logique la plus fameuse, sinon la plus ancienne, est le syllogisme. Or celui-ci, formalisé par la théorie des ensembles comme nous le verrons plus loin (cf. chapitre 11), se limite à dégager une conclusion déjà implicitement contenue dans les prémisses, donc proche de la « tautologie », du grec ταυτολογια (*tautologia*), mot issu de l'expression το αυτο λεγειν (*to auto légéin*, littéralement « parler du même »), qui désigne le fait de « dire la même chose » ou truisme. C'est donc un mode de raisonnement de bas niveau, comme le montre le tableau du chapitre 7.

Par ailleurs, si cette forme de raisonnement est mal utilisée, elle peut tomber dans d'autres pièges : le « sophisme », du grec σοφισμα (*sofisma*, « habileté »), lui-même dérivé de σοφια (*sofia*, « sagesse »), est un raisonnement qui cherche à paraître rigoureux mais qui est faux ; le « paralogisme », du grec παραλογος (*paralogos*), également d'apparence rigoureuse, est contraire au bon sens ou absurde. Ce sont des « pseudo-syllogismes », dont voici quelques exemples :

*Plus il y a d'emmental, plus il y a de trous.*
*Plus il y a de trous, moins il y a d'emmental.*
*Donc plus il y a d'emmental, moins il y a d'emmental.*

*Tout ce qui est rare est cher,*
*Un cheval bon marché est rare,*
*Donc un cheval bon marché est cher.*

*« Rat » est composé de trois lettres,*
*Le rat mange le fromage,*
*Donc trois lettres mangent le fromage.*

Ces trois exemples ne diffèrent guère du syllogisme par leur forme : ils apparaissent comme rigoureux, alors qu'ils aboutissent à une contradiction, un paradoxe, une antinomie. Ce ne sont que de simples jeux sur les mots, qui ne font nullement « avancer » le raisonnement, mais servent plutôt à « brouiller les cartes ».

Parmi les logiciens qui ont relevé les failles et écueils de ce mode de raisonnement, citons Lewis Carroll, de son vrai nom Charles Lutwidge Dodgson, plus connu comme écrivain et conteur que comme mathématicien et logicien. Ainsi, dans un court texte écrit en 1895, *What the Tortoise Said to Achilles*, Achille et la Tortue, en référence au fameux paradoxe de Zénon, discutent des fondements de la logique. La Tortue énonce les trois propositions suivantes :

($A$) *« Deux choses égales à une même troisième sont égales entre elles »* (transitivité de l'égalité) ;
($B$) *« Les deux côtés de ce triangle sont égaux à un même troisième »* ;
($Z$) *« Les deux côtés de ce triangle sont égaux entre eux »*.

La Tortue met au défi Achille d'utiliser la force de la logique pour la convaincre d'un raisonnement simple, en lui demandant si la proposition $Z$ découle logiquement des hypothèses $A$ et $B$. Achille assure que oui. La Tortue lui demande s'il peut exister un lecteur d'Euclide qui prétende que l'argument est valide en tant que suite logique, tout en n'admettant pas la vérité de $A$ et de $B$. Achille concède qu'un tel lecteur pourrait exister, mais qu'il le considérerait alors comme un mauvais logicien. La Tortue l'entraîne alors dans une régression infinie.

Bertrand Russell fait brièvement référence à ce dialogue dans *The principles of Mathematics* (§38, 1903) : il y fait une distinction entre **implication** (« Si $p$ alors $q$ ») qu'il considère comme une relation entre deux propositions, et **inférence** (« $p$, donc $q$ ») pour laquelle $p$ est forcément vraie. Ainsi, Russell peut s'opposer au fait que la tortue considère que l'inférence de $Z$ depuis $A$ et $B$ soit équivalente à l'implication *« Si A et B sont vraies, alors Z l'est aussi »*.

D'après Peter Winch, ce paradoxe montre que *« le processus de représentation d'une inférence, qui est après tout au cœur de la logique, est quelque chose qui ne peut être représenté par une formule logique. [...] Apprendre à inférer ne se résume pas seulement à relier de façon logique des propositions, mais c'est apprendre à faire quelque chose. »* Winch suggère que la morale du dialogue est un cas particulier d'une leçon plus générale : il est impossible de réduire une activité humaine à un ensemble de préceptes logiques.

## Implication et inférence

S'exprimant par le langage, la logique organise les arguments dans un certain ordre, qui se traduit mathématiquement par l'**implication**, l'un des connecteurs binaires du langage du calcul des propositions (cf. chapitre 11). Dans sa définition classique, l'implication ne préjuge pas de la vérité des propositions, mais seulement du bon enchaînement entre celles-ci. L'implication est généralement symbolisée par une flèche, donc nécessairement orientée (dirigée vers), « $\rightarrow$ » et se lit *« si ..., alors ... »* comme dans la phrase *« s'il pleut, alors le sol est mouillé »*. A ce titre, elle est emblématique du raisonnement et de l'intention de notre étude qui porte sur « la pensée dirigée ».

Quant à l'**inférence**, c'est une opération logique portant sur des propositions tenues pour vraies (les prémisses) et concluant à la vérité d'une nouvelle proposition en vertu de sa liaison avec les premières. Elle désigne les actions de mise en relation d'un ensemble de propositions, aboutissant à une démonstration de vérité, de fausseté ou de probabilité, sous la forme d'une proposition appelée conclusion. Autrement dit, l'inférence produit un énoncé vrai par la combinaison d'autres énoncés.

Plusieurs implications ou inférences peuvent se succéder, et le raisonnement s'écrit alors :
$$A_1 \rightarrow A_2 \,;\, A_2 \rightarrow A_3 \,;\, \ldots \,;\, A_{n-1} \rightarrow A_n$$

$A_1$ étant la prémisse, $A_n$ la conclusion. Notons que l'enchaînement des flèches représente le chemin qu'emprunte la pensée au cours du raisonnement, chemin conduisant de l'hypothèse à la conclusion, ou de la vérité de la première proposition à celle de la proposition finale ou preuve de vérité.

Alors que l'implication relie deux propositions de manière purement logique, l'inférence nécessite un sujet extérieur, sujet raisonnant, qui « infère » la proposition $B$ à partir de la proposition $A$. Ainsi, on dit *« A implique B »* mais *« de A j'infère B »*. Il est possible de faire abstraction de ce sujet en passant à la forme passive : *« B est inféré par A »*.

L'implication et l'inférence se retrouvent dans l'expression suivante, appelée ***modus ponens*** :
$A$ vrai et $A \rightarrow B$, alors $B$ vrai

Exemple de *modus ponens* :
$A$ : *Pierre est un homme*
$A \rightarrow B$ : *être un homme implique être mortel*
$B$ : *Pierre est mortel*

La proposition $A \rightarrow B$ est équivalente à la contraposition (ou négation de proposition) :
$\neg B \rightarrow \neg A$ (la négation étant notée $\neg$)

D'où l'équivalent négatif du *modus ponens*, appelé ***modus tollens*** :
$\neg B$ vrai et $\neg B \rightarrow \neg A$, alors $\neg A$ vrai

A l'exemple de *modus ponens* précédent, nous faisons correspondre le *modus tollens* équivalent :
$\neg B$ : *Michel n'est pas mortel*
$\neg B \rightarrow \neg A$ équivaut à $A \rightarrow B$ : *ne pas être mortel implique ne pas être un homme*
$\neg A$ : *Michel n'est pas un homme* (il s'agit sans doute de l'archange !)

En langage courant, reprenons par exemple la proposition *« S'il pleut, alors le sol est mouillé »* ($A \rightarrow B$). Elle est équivalente à la contraposition : *« Si le sol n'est pas mouillé, alors il ne pleut pas »*. *Modus ponens* et *modus tollens* correspondent ainsi à deux mouvements de la pensée en sens opposés : dans le premier cas, la prémisse concerne une situation météorologique et la conclusion est l'état du sol ; dans le second, la prémisse concerne l'état du sol et la conclusion se rapporte à la météorologie. En revanche, *« il ne pleut pas »* n'a pas pour conséquence « *le sol n'est pas mouillé* » car le sol peut avoir été mouillé précédemment et par un autre facteur que la pluie.

De même que le *modus ponens*, le *modus tollens* est à l'origine de paradoxes, d'autant qu'il est moins intuitif que le premier. Supposons l'expression $A \rightarrow B$ : « *Si X va en France, alors il ne s'arrête pas à Paris* », elle est formellement équivalente à $\neg B \rightarrow \neg A$, soit « *Si X s'arrête à Paris, alors il ne va pas en France* », ce qui est de toute évidence absurde.

### Règles d'inférence et chaînage avant ou arrière

Dans un système logique, les **règles d'inférence** (cf. chapitre 1, Un essai de définition de l'intelligence artificielle) sont les règles qui fondent le processus de déduction, de dérivation ou de démonstration. L'application des règles sur les axiomes du système permet d'en démontrer les théorèmes. Ses arguments sont appelés les « prémisses » et sa valeur la « conclusion ». Les règles d'inférence peuvent également être vues comme des relations orientées liant prémisses et conclusions, par lesquelles une conclusion est dite « dérivable » des prémisses.

Les règles d'inférences sont en général données dans la forme standard suivante :

Prémisse#1
Prémisse#2
...
Prémisse#*n*
----------------
Conclusion

Le processus permettant la succession de la première prémisse jusqu'à la conclusion s'appelle **chaînage avant**. L'inférence peut aussi partir de la conclusion attendue pour remonter à la prémisse. C'est le **chaînage arrière**, qui va ainsi à contre-sens du chaînage avant. Le chaînage arrière s'applique par exemple à la planification, lorsque, l'objectif étant fixé, il s'agit d'établir une séquence d'actions pour atteindre cet objectif. Se rattachent à ce sujet l'ordonnancement, la gestion de ressources et autres problèmes d'optimisation. Le chaînage arrière peut aussi s'appliquer au diagnostic : partant d'une maladie sur un individu, ou d'une panne sur une machine, l'inférence par chaînage arrière consiste à remonter à la cause ou aux causes ayant pu créer cette état.

## Déduction, induction, abduction

Nous avons vu précédemment que l'inférence nécessite un sujet raisonnant, dont on peut faire l'économie en passant au mode passif. Celui-ci comporte des déclinaisons telles que la déduction, l'induction ou l'abduction, dans des expressions telles que : *« B est déduit de A »*, *« B est déductible de A »*, *« B est induit par A »*, etc. Déduction, induction et abduction sont trois termes dérivés du latin.

La **déduction**, de *deductio* dérivé de *deducere* (« conduire hors de », « soustraire une somme d'une autre »), est la liaison logique la plus indiscutable, la contrepartie étant le gain en connaissance faible, voire nul ou même négatif, comme l'indique l'étymologie. Elle est souvent confondue avec l'inférence, lorsque celle-ci est réduite à la « déduction nécessaire » dans laquelle la vérité des prémisses assure totalement la vérité de la conclusion. Fondée sur des axiomes ou des définitions (par exemple, *« Tous les hommes sont mortels »* et *« Socrate est un homme »*), la déduction produit des résultats qui sont soit tautologiques, c'est-à-dire que les propositions déduites sont virtuellement contenues dans les prémisses, soit conséquences de la loi (par exemple, *« Socrate est mortel »*). La valeur de ces résultats est bien entendu fonction de la rigueur avec laquelle ils ont été obtenus.

L'induction et l'abduction sont moins universellement reconnues comme rigoureuses, mais largement utilisées en pratique et beaucoup plus fécondes, comme le souligne Guy Politzer, chercheur en philosophie et sciences cognitives (*Le raisonnement humain*). Pour lui, l'inférence permet *« à partir de données perceptibles ou verbales, […] de produire une information qui n'était pas explicitement présente dans ces données, ou même qui en était absente. »*.

Ainsi, contrairement à la déduction, l'**induction**, de *inductio* dérivé de *inducere* (« conduire dans »), génère du sens, de la connaissance, en passant des faits à la loi, du particulier au général. Alors que la logique déductive part du général pour aboutir au particulier (l'exemple classique tient dans les deux propositions extrêmes du fameux syllogisme : *« Tous les hommes sont mortels – donc Socrate est mortel »*), l'induction part du particulier – ou plutôt d'un échantillon de cas individuels – pour conclure par une généralisation. Elle consiste ainsi, à partir d'un petit nombre de cas immédiatement observés, à étendre potentiellement une propriété, un jugement ou une valeur de vérité à la multitude d'autres cas qui n'ont jamais été observés, voire non observables. En droit, cela s'appelle la « jurisprudence ». C'est de cette manière aussi que se sont constituées les sciences de la nature. En ce sens, nous pouvons dire que, si la déduction logique est analytique, l'induction est plutôt d'essence synthétique.

Le principe de ce passage du particulier au général, du concret à l'abstrait, ou des objets du monde sensible aux Idées (au sens platonicien), revient à s'abstraire des réalités et à rendre le raisonnement indépendant des objets auxquels il s'applique. Leibniz a développé une théorie de l'induction, selon laquelle l'universalité des jugements et des concepts est fondée non pas sur l'addition de cas singuliers observés (aspect quantitatif), mais sur l'aspect qualitatif des jugements et des concepts. Les raisonnements inductifs sont basés, selon sa théorie, sur le postulat de la régularité des objets ou des événements.

Autre mode d'inférence, l'**abduction**, du latin *abductio*, dérivé de *abducere* (« conduire en partant d'un point », « emmener », « enlever »), consiste à inférer les prémisses les plus vraisemblables permettant de parvenir, par déduction, à une conclusion concordant avec les observations. C'est aussi un procédé consistant à introduire une règle à titre d'hypothèse afin de considérer un fait observé comme le résultat de l'application de cette règle.

Contrairement à l'idée commune qui fait de la déduction le raisonnement logique incontestable, et donc parfait, celle-ci peut rarement s'appliquer dans les faits. En effet, les notions générales que nous avons sont la plupart du temps inférées d'observations assez nombreuses pour que nous admettions de les généraliser. Seules des notions purement intellectuelles, comme les concepts mathématiques, si nous admettons que tel est le cas, peuvent être construites uniquement à l'aide de déductions (cf. chapitre 11, « Constructivisme et intuitionnisme »).

## Logique, temps et causalité

L'inscription dans le temps des deux notions, logique et causalité, nous semble évident *a priori*. Indépendamment de la logique temporelle, que nous aborderons plus loin (cf. chapitre 13), le raisonnement formalisé est étroitement lié à des notions temporelles. D'abord, parce que la logique s'exprime par le langage discursif, donc s'inscrit dans la durée et le temps orienté. Ensuite, parce que, dans le raisonnement logique, l'idée de succession est fondamentale : un raisonnement déroule généralement une succession d'arguments, donc est inscrit dans le temps, dans la durée, entre hypothèse et conclusion.

L'implication est une relation de prémisse à conclusion qui se déroule dans un discours, de la même façon que la causalité, c'est-à-dire la relation de cause à effet, se déroule dans le temps. Nous allons expliciter cette analogie des rapports temporels entre implication et causalité. Sachant (compte tenu des expériences ou des observations passées) qu'une cause donnée $A$ a toujours le même effet $B$, si la cause $A$ a lieu, alors l'effet $B$ se produit, ce qui se traduit par l'expression logique : « *Si A alors B* » ou « $A \rightarrow B$ » (« *A implique B* »). Dans l'expression « *Si A alors B* », $A$ est appelé l'« antécédent » (littéralement : « qui vient avant ») et $B$ le « conséquent » (« qui suit »). Du fait de cette analogie, l'implication peut être vue comme une modélisation de la causalité : il y a homéomorphisme entre la relation « hypothèse-conclusion » (implication) et la relation « cause-effet » (causalité).

Une remarque s'impose à ce stade. La cause précède l'effet. Cette affirmation quasi universellement admise établit une relation directe entre causalité et temps (cf. chapitre 3). Or il n'est pas besoin de remonter à l'origine du monde pour rendre compte d'un phénomène présent ; de même, la cause et l'effet ne sont pas infiniment éloignés dans l'espace, malgré le paradigme du battement d'aile d'un papillon déclenchant une tempête aux antipodes. L'inverse n'est pas toujours vrai : il n'existe pas nécessairement de relation de causalité entre deux phénomènes proches dans le temps et dans l'espace. En effet, il ne faut pas confondre succession et connexion. Pour Hume, cependant, nous ne percevons dans une série d'événements que ceux qui constituent cette série, et non nécessairement une relation entre ces événements : notre idée de la causalité ne serait produite que par le fait que deux événements se sont toujours succédés ; nous formons alors une sorte d'anticipation qui nous représente que le second terme doit se produire quand le premier se produit, par exemple la connexion entre le feu et la chaleur, ce qui nous ramène à la pensée préscientifique (cf. chapitre 4) ou au degré zéro du raisonnement, à savoir la répétition ou reproduction (cf. chapitre 7).

# CHAPITRE 11.

> « *Les lois de la logique sont le reflet de l'objectif dans la conscience subjective de l'homme.* » (Vladimir Ilitch Lénine)

**Logique et mathématiques**

A l'origine, la logique s'est constituée au sein de la philosophie, mais elle a largement bénéficié de la collaboration de mathématiciens, comme Descartes et Leibniz, au XVII$^e$ siècle, le premier à l'origine de la géométrie analytique, le second inventeur de la numérisation binaire. D'autres philosophes, comme Spinoza, également au XVII$^e$ siècle, feront appel aux mathématiques pour construire leur édifice logique à la manière d'un corpus scientifique. Mais c'est surtout à partir du XIX$^e$ siècle, sous l'impulsion de George Boole, inventeur d'une algèbre basée sur la numérisation binaire, que la logique, à l'instar des mathématiques, devient un système formel, abstrait, sans aucune référence à un système d'objets « réels ».

La logique, étant étymologiquement dérivée du langage et bénéficiant désormais de la rigueur mathématique, est le mode de raisonnement qui a fait l'objet du plus grand effort de formalisation. Dans son traité *Les lois de la pensée*, George Boole se donne pour objectif *« d'étudier les lois fondamentales des opérations de l'esprit par lesquelles s'effectue le raisonnement ; de les exprimer dans le langage symbolique d'un calcul, puis, sur un tel fondement, d'établir la logique et de constituer sa méthode* […]. » Le mathématicien va même jusqu'à introduire l' « Univers » comme l'ensemble de tous les objets.

Cette « logique formelle » comprend des objets fondamentaux qui sont des signes élémentaires, des règles de combinaison entre ces signes dans une formule, et des règles permettant de décider si ces formules sont conséquence d'autres formules ou non. Toutes ces notions mathématiques – les graphes orientés, les fonctions, la théorie des ensembles ou l'algèbre de Boole – affectent la logique classique d'une réputation de rigueur rarement démentie. En particulier, le recours aux mathématiques a permis de déjouer la plupart des pièges de la logique classique, éliminer les sophismes et expliciter les paradoxes énoncés par les philosophes de la Grèce antique. Elle a aussi mis en lumière – sans pour autant les résoudre complètement – des contradictions inhérentes relevées par les logiciens du XXe siècle (théorème d'incomplétude de Gödel, théorie de la calculabilité, etc.) et aidé à la résolution d'anciennes conjectures d'abord exprimées verbalement (problème des quatre couleurs, conjecture de Kepler, etc.).

Les mathématiques apportent ainsi un langage pour la logique, dans lequel les formules s'expriment à l'aide de symboles tels que les quantificateurs existentiel ($\exists$ : *il existe au moins un...* ) et universel ($\forall$ : *quelque soit..., pour tout...*), les connecteurs (*et* ; *ou* ; *non*), l'implication ($\Rightarrow$ : *si..., alors...*), l'équivalence ($\Leftrightarrow$ : *si et seulement si...* ), ou se traduisent sous la forme d'arbres étiquetés, de graphes, etc. Par exemple, la plupart des propositions et leurs connecteurs peuvent être représentés sous la forme d'opération sur les ensembles : union ($\cup$), intersection ($\cap$), complémentarité ($^-$), inclusion ($\subset$). Par ailleurs, tout raisonnement peut s'exprimer mathématiquement comme une fonction injective, univoque, de l'espace des prémisses vers l'espace des conclusions. Cette injection, classiquement représentée par une flèche ($\rightarrow$), est justement une traduction mathématique de ce que nous avons appelé « la pensée dirigée ». Autre interprétation de cette « direction » de la pensée, les démonstrations formelles modélisant les raisonnements consistent dans une suite d'implications, chaque implication étant symbolisée mathématiquement par une double flèche ($\Rightarrow$) et permettant de dériver de nouvelles formules (les formules prouvables ou théorèmes) à partir des formules de départ (les axiomes) au moyen de règles (les règles d'inférence). Inversement, toute formule logique peut être interprétée à l'aide d'une fonction associant à cette formule un objet dans une structure abstraite appelée « modèle », ce qui permet d'affirmer ou de confirmer la validité des formules.

Si les mathématiques servent de support à la logique, inversement tout l'édifice mathématique peut être reconstruit à partir d'un très petit corpus de base, à partir duquel seraient déduites logiquement toutes les entités mathématiques. Un tel effort de construction a été tenté en particulier dans le magistral traité intitulé « *Éléments de mathématiques* » de Nicolas Bourbaki, qui couvre ainsi l'ensemble de ce domaine. *« Il est vrai que de certaines relations entre entités mathématiques, que nous prenons comme axiomes, nous déduisons d'autres relations d'après des règles fixes, avec la conviction que de cette façon nous dérivons des vérités d'autres vérités par un raisonnement logique »*, confirme L.E.J. Brouwer.

Une démarche analogue a été suivie en physique, notamment en mécanique, par les auteurs russes Landau & Lifchitz dans leur *Cours de physique théorique* (Moscou, 1969). Celui-ci fait découler toute la mécanique classique, puis l'électromagnétisme, la thermodynamique, la mécanique quantique, etc., d'un très petit nombre de formules fondamentales. De même que Spinoza qui, dans son *Éthique*, construit tout son système philosophique par un enchaînement implacable, à partir de la seule hypothèse de l'existence de Dieu.

## Logique et théorie des ensembles

C'est surtout le mathématicien George Boole, et plus exactement la parution de son traité *Analyse mathématique de la logique* en 1847, qui marque le passage de la logique des mains des philosophes à celles des mathématiciens. Le premier objet mathématique utile à la logique est l'« ensemble », avec les notions qui s'y rattachent. *« C'est sur les notions d'appartenance et d'inclusion qu'on peut le plus facilement fonder une théorie du syllogisme (comme devaient le montrer Leibniz et Euler) »*, énonce Bourbaki. Les trois principes d'Aristote s'écrivent dans le formalisme de la théorie des ensembles comme suit :

$A = A$ (identité)
$A \cap \bar{A} = \emptyset$ (non-contradiction)
$x \in A$ <u>ou</u> $x \in \bar{A}$ (tiers exclu)

où $A$ est un ensemble, $\bar{A}$ (ou $\neg A$) son complémentaire, $\emptyset$ l'ensemble vide, $\cap$ l'intersection d'ensembles, $\in$ l'appartenance, <u>ou</u> désigne « ou exclusif ».

En admettant la formalisation de la logique par la théorie des ensembles, nous faisons implicitement appel à la notion d'élément appartenant à un ensemble, ou d'un ensemble constitué d'un certain nombre d'éléments, ou encore de sous-ensemble d'un ensemble. Ce qui nous ramène à la notion de « tout » et de « parties », et aux notions dérivées, largement étudiées au chapitre 8.

Après Boole, Georg Cantor a développé la théorie des ensembles et montré qu'elle s'applique à la formulation mathématique du raisonnement, puisqu'il existe un isomorphisme (c'est-à-dire une fonction bijective qui respecte la structure) entre l'algèbre de Boole et l'algèbre des ensembles munis des lois d'union et d'intersection ensemblistes. Désormais, ce sont surtout les mathématiciens (Bourbaki, par exemple) qui vont s'emparer de la logique classique pour en perfectionner le formalisme.

L'un des précurseurs de cette représentation mathématique de la logique est le mathématicien Leonhard Euler. Celui-ci a eu l'idée, dès 1768, d'illustrer le raisonnement syllogistique par des courbes fermées, rappelant la représentation des ensembles booléens. Ces schémas sont connus sous le nom de « diagrammes d'Euler ». Il est en effet facile d'appliquer la théorie des ensembles au syllogisme. Dans le plus célèbre de ceux-ci, on considère l'ensemble des hommes ($H$) et l'ensemble des mortels ($M$). Le premier est inclus dans le second, $H \subset M$ ($\subset$ étant le symbole d'inclusion ensembliste), ce qui signifie que « tous les hommes sont mortels » (tous les éléments de l'ensemble $H$ appartiennent aussi à l'ensemble $M$). Socrate est un élément de $H$, donc il est aussi un élément de $M$ qui englobe $H$. Euler applique, par exemple, cette représentation au syllogisme de type *modus tollens* :

*Aucun prêtre n'est un singe.*
*Or, les chimpanzés sont des singes.*
*Donc, les chimpanzés ne sont pas prêtres.*

Si $P$ désigne l'ensemble des prêtres, $S$ l'ensemble des singes et $C$ l'ensemble des chimpanzés, la première proposition s'exprime par le fait que $P$ et $S$ n'ont aucun élément commun, leur intersection est vide, soit $P \cap S = \emptyset$. La deuxième proposition se traduit par $C \subset S$. La simple représentation graphique des ensembles montre que $P \cap C = \emptyset$, ce qui se traduit par le fait que l'ensemble des prêtres et celui des chimpanzés n'ont aucun élément commun, donc aucun chimpanzé ne peut être prêtre.

L'application de cette représentation aux différents syllogismes permet d'écarter facilement la plupart des paradoxes (cf. chapitre 10).

## Logique propositionnelle et calcul des prédicats

La **logique propositionnelle** ou calcul des propositions est une théorie logique qui définit les lois formelles du raisonnement, c'est-à-dire les règles de déduction qui relient les propositions entre elles, sans en examiner le contenu. C'est une première étape dans la construction du calcul des prédicats, lequel s'intéresse au contenu des propositions.

En logique classique (logique bivalente), une **proposition** peut prendre uniquement les valeurs « vrai » ou « faux ». Ces deux valeurs sont parfois notées 1 et 0 pour se prêter à un traitement mathématique ou informatique. Une proposition entièrement déterminée (c'est-à-dire dont les valeurs des constituants élémentaires sont déterminées) ne prend qu'une seule de ces deux valeurs. La formalisation de ce raisonnement se limite à l'expression de quantificateurs ($\exists$ et $\forall$), de connecteurs (*et, ou, non ;* $\cup$, $\cap$, $\neg$), d'implication (=>), d'équivalence ($\Leftrightarrow$), et de valeurs de vérité, le vrai étant habituellement représenté par 1 et le faux par 0.

Jusqu'à l'aube du XIX$^e$ siècle, les philosophes et logiciens, à l'instar d'Emmanuel Kant, estimaient que le calcul des propositions, hérité d'Aristote, était une science complète et définitivement achevée (cf. préface de la seconde édition de la *Critique de la raison pure*, 1787). Or, si elle a largement gagné en rigueur, le champ d'application de cette logique est singulièrement restreint et sa « boîte à outils » bien trop pauvre pour permettre la formalisation de tous les raisonnements.

D'où les développements pour combler cette lacune, par Gottlob Frege et d'autres logiciens, à la fin du XIX$^e$ siècle et au début du XX$^e$ siècle, développements qui ont mené au **calcul des prédicats**, ou logique des prédicats, où un **prédicat** est, par définition, une proposition dans laquelle sont introduits des symboles appelés « variables » et d'autres symboles désignant des relations ou des prédicats. Comme la logique propositionnelle, le calcul des prédicats n'admet que deux valeurs de vérité, mais celles-ci dépendent du contenu des propositions, ce qui permet d'écrire des formules dépendant de paramètres, qui sont ces symboles. Ces symboles s'ajoutent aux outils de la logique des propositions (quantificateurs, connecteurs, implication, équivalence).

Il existe plusieurs ordres du calcul des prédicats. Pour le **premier ordre**, les variables représentent toutes le même type d'objets. Par exemple, le prédicat « Mon pays se situe en Europe », la variable est « mon pays ». En fonction de sa valeur, la proposition peut être vraie ou fausse. Ainsi, pour un locuteur français, la proposition équivaut à « La France se situe en Europe », qui est vraie ; si le locuteur est canadien, la proposition devient « Le Canada se situe en Europe », qui est fausse.

En passant au **second ordre**, il apparaît deux types de variables : les objets et les prédicats, c'est-à-dire les relations entre objets. La hiérarchie continue ainsi, au troisième ordre correspondent trois types de variables : les objets, les relations entre les objets, et les relations entre relations ; et ainsi de suite.

Prenons l'exemple de l'égalité, une relation qui se traduit en logique par un connecteur et en mathématique par le signe =. La formule $a = b$ signifie que $a$ et $b$ représentent des objets identiques, et se lit « $a$ est égal à $b$ ». L'égalité vérifie les propriétés suivantes : $\forall x, x = x$ (réflexivité) ; $\forall x, \forall y, (x = y) \Rightarrow (y = x)$ (symétrie) ; $\forall x, \forall y, \forall z, [(x = y)$ et $(y = z)] \Rightarrow (x = z)$ (transitivité). La relation = étant réflexive, symétrique et transitive, on dit que c'est une « relation d'équivalence » désignée par $\Leftrightarrow$.

En calcul des prédicats du premier ordre, l'égalité se définit comme suit. Soit $P\{x\}$ une formule dépendant d'une variable $x$. Soient $a$ et $b$ deux termes tels que $a = b$. Alors les propositions $P\{a\}$ et $P\{b\}$ sont équivalentes, ce qui s'écrit : $P\{a\} \Leftrightarrow P\{b\}$. En calcul des prédicats du second ordre, l'égalité $a = b$ équivaut à : $\forall P, (P\{a\} \Leftrightarrow P\{b\})$. Autrement dit deux objets sont égaux si et seulement si ils ont les mêmes propriétés, ce qui se ramène au principe d'*identité des indiscernables* énoncé par Leibniz.

## Le formalisme et ses limites

Nous avons vu que la logique formelle est fondée sur la possibilité d'établir une correspondance entre les relations logiques et l'algèbre de Boole. Ainsi, c'est sur les notions d'appartenance ou d'inclusion que sont fondés « *des axiomes comme 'le tout est plus grand que la partie'* », indique Bourbaki. Gottlob Frege a voulu étendre ce formalisme en créant ce qu'il a appelé « idéographie », afin de dégager complètement la logique de sa base linguistique : « *Si c'est une tâche de la philosophie de rompre la domination du mot sur l'esprit humain en dévoilant les illusions qui souvent naissent presqu'inévitablement de l'utilisation de la langue pour l'expression de relations entre des concepts, et en libérant la pensée de ce dont elle est atteinte uniquement par la nature du moyen d'expression linguistique, alors mon idéographie [...] pourra devenir un outil utile aux philosophes. »*

Mais de nouveaux paradoxes apparaissent au formaliste, qui eux n'ont rien à voir avec le langage ni, à plus forte raison, avec le sophisme ou le paralogisme. En effet, le formaliste cherche à pousser à bout sa théorie, indépendamment de la relation de celle-ci à la réalité. Or il arrive qu'un tel raisonnement débouche sur l'absurde, l'impossible ou l'autodestruction. C'est ainsi que les mathématiciens Gödel et Russell ont mis en évidence respectivement le théorème d'incomplétude et le fameux paradoxe ensembliste. Selon le premier, publié par Kurt Gödel en 1931, (1) Un système axiomatique ne peut être à la fois cohérent et complet ; (2) Si le système est cohérent, alors la cohérence des axiomes ne peut pas être prouvée au sein même du système. Quant au paradoxe de Bertrand Russell, il se traduit par l'impossibilité de répondre à la question : « L'ensemble des ensembles n'appartenant pas à eux-mêmes appartient-il à lui-même ? » Si la réponse est oui, alors, comme par définition les membres de cet ensemble n'appartiennent pas à eux-mêmes, il n'appartient pas à lui-même, d'où contradiction. Si la réponse est non, alors il a la propriété requise pour appartenir à lui-même, d'où contradiction à nouveau. Cette double contradiction rend l'existence d'un tel ensemble paradoxale.

## Constructivisme et intuitionnisme

Le constructivisme et l'intuitionnisme se situent à l'interface entre logique et mathématiques. A l'opposé du formalisme, le **constructivisme** considère non que la logique est fondée sur les mathématiques, mais que la logique est la plus fondamentale de toutes les théories, et notamment des mathématiques. Tous les concepts et théories mathématiques sont réductibles à la logique, et les mathématiques sont donc une extension de la logique. Ainsi, la preuve d'un énoncé mathématique est dite « constructive » si et seulement si elle donne les moyens de trouver ou de construire l'objet mathématique dont le théorème démontre l'existence. Tout ce qui ne résulte pas d'une construction explicite n'est ni vrai ni faux. Par conséquent, le constructivisme n'admet pas la notion d'infini en mathématiques et rejette le principe du tiers exclu, éliminant ainsi implicitement la possibilité de démonstration par l'absurde.

Le constructivisme est la thèse défendue par les logiciens « orthodoxes » ou formalistes, comme Russell, Frege, Whitehead, Hilbert et les mathématiciens du groupe Bourbaki. Leur objectif est de fonder la totalité des mathématiques sur un ensemble de règles logiques (axiomes) et sans contradiction, à l'instar de la géométrie euclidienne, entièrement construite à partir d'un nombre réduit d'axiomes. Par exemple, l'axiome de fondation, énoncé par John von Neumann dans sa thèse de doctorat, précise que les ensembles doivent être construits progressivement de sorte que, si un ensemble appartient à un autre, alors le premier précède le sur-ensemble et ne peut donc pas lui appartenir. En permettant de hiérarchiser ainsi l'univers des ensembles, cet axiome évite le paradoxe de Russell. Afin de prouver que l'addition de ce nouvel axiome n'engendre pas de nouvelle contradiction (du type de Russell), John von Neumann introduit une nouvelle méthode de démonstration, la « méthode des modèles internes », qui fut illustrée ensuite par Gödel pour montrer la cohérence relative de l'hypothèse du continu, et qui est devenue essentielle dans la théorie des ensembles. Toutefois, on opposera aux constructivistes le fait que la théorie des ensembles elle-même n'a jamais pu être dérivée de la logique pure.

L'**intuitionnisme** (à ne pas confondre avec l'« intuition » comme mode de raisonnement, cf. chapitre 7), également appelé « empirisme » ou « réalisme », se rattache au constructivisme, certains confondant même les deux démarches. Comme le constructivisme, l'intuitionnisme se démarque du formalisme, ainsi que l'exprime son chef de file, le mathématicien L.E.J. Brouwer : *« Pour le formaliste, l'exactitude mathématique ne réside que dans le développement de la suite des relations, et est indépendante de la signification que l'on pourrait vouloir donner à ces relations ou aux entités qu'elles relient. »* De même, les intuitionnistes n'admettent pas les mathématiques appliquées à l'infini, et rejettent implicitement la démonstration par l'absurde car le sens d'un énoncé réside dans ses moyens de vérification ou de preuve, et non pas dans des conditions de vérité.

Mais à la différence des constructivistes, pour les intuitionnistes les concepts mathématiques préexistent dans l'absolu, et le mathématicien les découvre par l'intuition plutôt que par la logique. Kurt Gödel a montré que l'on pouvait représenter la logique classique dans la logique intuitionniste et ceci bien que l'ensemble des formules valides de la logique intuitionniste soit strictement inclus dans l'ensemble des formules valides de la logique classique. Toutefois, les intuitionnistes n'attachent guère plus d'importance à la logique qu'au langage, ce qui leur a donné parfois une réputation de manque de sérieux, comme en témoigne cette citation de Bourbaki : « *L'école intuitionniste, dont le souvenir n'est sans doute destiné à subsister qu'à titre de curiosité historique, aura du moins rendu le service d'avoir obligé ses adversaires, c'est-à-dire en définitive l'immense majorité des mathématiciens, à préciser leurs positions et à prendre plus clairement conscience des raisons (les unes d'ordre logique, les autres d'ordre sentimental) de leur confiance dans la mathématique.* »

# CHAPITRE 12.

> « *Comment l'intuition peut-elle nous tromper à ce point ?* » (Henri Poincaré)

**Logique classique et paradoxes**

En schématisant le raisonnement comme une suite d'implications $A_1 \to A_2 \to \ldots \to A_n$, il peut arriver que $A_n$, le résultat du raisonnement, soit le contraire de $A_1$, la prémisse, comme nous l'avons vu dans les pseudo-syllogismes du chapitre 10. Certaines contradictions issues de syllogismes sont plus subtiles, elles ont déjà été relevées par les logiciens de la Grèce antique sous le nom de de **paralogisme**, du grec παραλογος (*paralogos*, « contraire à ce qu'on a calculé », « imprévu », « absurde »), ou **paradoxe**, de παράδοξος (*paradoxos*, « contraire à l'opinion commune »).

Voici quelques exemples de paralogismes fameux :
(1) « *Tous les Crétois sont menteurs* » (paradoxe d'Epiménide, le Crétois)
(1') équivalent au paradoxe du Menteur, qui affirme : « *Je mens* »
(1'') et équivalent à la proposition : « *Cette assertion est fausse.* »
(2) « *Tout ce qui est rare est cher ; un cheval bon marché est rare ; donc un cheval bon marché est cher.* »
(3) « *Connais-tu celui qui est caché ?* » (sophisme du Caché)
(3') équivalent à : « *Ce que tu n'as pas perdu, tu l'as toujours ; tu n'as pas perdu de cornes ; donc tu es cornu.* » (sophisme du Cornu)
(4) « Achille et la Tortue » et la « flèche », deux paradoxes bien connus, attribués à Zénon d'Élée.

(5) « *Le barbier du village rase tous les villageois qui ne se rasent pas eux-mêmes, et ceux-là seulement. Conclusion : le barbier ne se rase pas, donc il se rase.* » (paradoxe du Barbier)

Dans certains cas, notamment (1, 1' et 1'') et (3), une seule proposition contient sa propre contradiction. Dans le premier cas, la faille du raisonnement est liée à l'autoréférence. Dans l'exemple (2), la logique n'est qu'apparente et le paradoxe peut être évité par la hiérarchisation. Dans les exemples (3 et 3'), le paradoxe vient de ce que l'univers dans lequel nous vivons n'est pas figé, mais il évolue et se transforme sans cesse. Les exemples (4) mettent en jeu le caractère contradictoire de notions décrites dans ces deux paradoxes : la dichotomie infinie des grandeurs et la permanence des choses, d'où Zénon conclut à l'impossibilité du mouvement. Le paradoxe du Barbier (5) peut être rapproché des exemples (1, 1' et 1'') dans la mesure où le sujet est doté de deux propriétés contradictoires. Les deux derniers exemples (4) et (5) mènent à la conclusion d'une notion ou d'un être dotés de propriétés contradictoires, d'où l'impossibilité d'une telle notion ou la non-existence d'un tel être. En concluant ainsi, le logicien applique là le principe de la démonstration par l'absurde en mathématiques, fondé sur le caractère contradictoire entre l'hypothèse et la conclusion.

William O. Quine met en évidence l'intérêt des paradoxes pour l'étude du raisonnement : « *La découverte d'un paradoxe a plus d'une fois dans l'histoire été l'occasion d'une reconstruction majeure touchant aux fondements mêmes de la pensée. Depuis quelques décennies, en fait, l'étude des fondements des mathématiques a été mise en échec et énormément stimulée par la confrontation avec deux paradoxes, l'un proposé par Bertrand Russell en 1901, l'autre par Kurt Gödel en 1931.* » Bertrand Russell a repris le paradoxe (5) pour le transposer dans le formalisme ensembliste mathématique, où il s'énonce ainsi : « L'ensemble des ensembles n'appartenant pas à eux-mêmes appartient-il à lui-même ? » (cf. chapitre 11). Cette question, plutôt qu'un paradoxe, est une « proposition formellement indécidable ». Kurt Gödel, qui lui-même mentionne le paradoxe du Menteur, est l'inventeur du fameux « théorème d'incomplétude » selon lequel n'importe quel système logique suffisamment puissant pour décrire l'arithmétique des entiers admet des propositions sur les nombres entiers ne pouvant être ni infirmées ni confirmées à partir des axiomes de la théorie. Un tel système est donc incomplet puisqu'il existe toujours des vérités non réductibles formellement à l'ensemble d'axiomes, dont la démonstration ne peut se faire à l'intérieur du système. Démontré pour l'arithmétique, ce théorème, peut aussi bien s'appliquer à la logique, et donc expliquer les paralogismes, il suffit pour cela de remplacer « système formel » par « logique formelle ».

**Sortir de la logique classique**

Nous avons vu que la logique est souvent présentée comme une méthode universelle de raisonnement, qui s'applique en principe à tous les domaines. Cependant, nous avons observé aussi l'évolution des sciences vers une complexité de plus en plus difficile à appréhender, offrant un paysage protéiforme et chaotique, plutôt que le bel édifice scientifique bien structuré que promettaient les héritiers de Descartes. Dès lors, la logique peut apparaître comme un mode de raisonnement réductionniste, incapable de prendre en compte un certain nombre de situations : Comment mener une argumentation en partant d'hypothèses entachées d'incertitude ou lacunaires ? Comment prendre une décision d'action qui pourrait être perturbée par une météorologie défavorable ? Comment faire des projets dans un contexte de guerre ou de précarité, par exemple ? Comment traiter les problèmes de physique moderne (relativité et quanta) ? Raison de plus pour chercher à élargir cette logique et trouver de nouveaux modes de raisonnement plus adaptés à de telles situations.

La logique aristotélicienne est **binaire**, elle admet deux valeurs de vérité et deux seulement : « vrai » et « faux ». Il est évident que cette logique ne peut pas s'appliquer dans tous les cas, ne serait-ce que parce que nous n'avons pas toujours deux valeurs bien déterminées. Par exemple, « il pleut » et « il ne pleut pas » peuvent être vrais tous deux, en des endroits ou à des instants différents. Entre le jour et la nuit, à quoi rattacher le crépuscule et l'aube ? Entre onde et corpuscule, la mécanique quantique n'impose pas un choix.

Cette logique est aussi **statique** : elle exclut de son domaine la transition d'un état à l'autre. Lors du passage d'un état $A$ à un état $B$, $A$ qui était $\neg B$ (non $B$) devient progressivement $B$, en passant par des états intermédiaires que la logique classique est impuissante à exprimer. En réalité, celle-ci est une logique des états figés et bien déterminés une fois pour toutes, incapable de gérer les transitions. Elle se fonde sur les principes suivants : l'univers se comporte suivant un déterminisme absolu ; le temps « s'écoule » linéairement et continûment et l'espace est homogène, selon une conceptualisation d'évidence, de « bon sens » ; les phénomènes existent en soi et sont isolables de leur contexte ; toute action exécutée est « séparée » de son environnement ; la logique s'exerce dans une durée linéaire **finie**, dont le début est la mise en place des concepts et la fin constituée par l'établissement des conclusions ; il est inadmissible qu'une action exécutée puisse, en retour, modifier les conditions de répétition de la même action. A défaut d'admettre ces principes, la logique serait tantôt vérifiée, tantôt non.

Toute tentative de rendre la logique contemporaine plus proche des questions quotidiennes et des problèmes actuels doit donc inclure dans sa recherche : la possibilité de plusieurs valeurs de vérité ; l'adjonction de la notion dynamique de « passage » ou « transition » d'un état à un autre ; l'analyse des notions qui constituent le cadre implicite dans lequel s'exerce l'application de la logique formelle, tenant compte de l'état actuel de nos connaissances ; l'existence et la subjectivité de l'auteur du raisonnement... Les principes de la logique classique doivent donc être modifiés, assouplis ou élargis, s'il y a lieu, pour éliminer les contradictions dont ils pourraient être responsables. D'où l'idée de transformer cette logique, qui analyse *hic et nunc*, en une logique plus ouverte qui intégrerait les notions, rendues interactives, de « avant », « après », « ici », « ailleurs », « au niveau supérieur », « au niveau inférieur », « tant que », « sinon », etc.

Ainsi, contrairement à l'affirmation de Kant, dans la Préface de la seconde édition de la *Critique de la raison pure* (1787), que la logique est une science qui *« selon toute apparence, semble arrêtée et achevée »*, nous verrons que cette science a grandement évolué depuis le début du XX$^e$ siècle et continue à se développer, donnant lieu à une multitude de logiques différentes, les logiques dites « non standard ».

Pour nous guider dans la sortie de la logique classique, nous trouvons quelques pistes avec les langues et les pensées extra-européennes. Le bouddhisme prend en compte le changement continu des phénomènes ; la logique indienne fait une place à la catégorie du doute ; certains mots chinois ont pour idéogramme un caractère formé de deux sous-caractères de significations opposées, ou deux idéogrammes contradictoires. La pensée hindoue souligne l'importance du point de vue (*darçana*, de la racine *drç*, « voir ») ; les « points de vue » sont considérés comme les six aspects d'une seule et même tradition orthodoxe, fondée sur les Véda ; bien qu'ils puissent paraître contradictoires (par exemple, le *Sankhya* est dualiste, alors que le *Mimansa* et le *Vedanta* sont non-dualistes), ces « points de vue » sont représentés comme des projections de la vérité unique sur des plans de conscience divers, à l'instar des sept aveugles du conte bouddhique populaire qui cherchent à identifier un éléphant.

Ces considérations nous indiquent qu'il est possible, voire nécessaire, de « sortir » du standard, quel qu'il soit. C'est ce que nous allons faire pour la logique. Pour cela, nous suggérons de s'inspirer de certains développements mathématiques, notamment les géométries non euclidiennes, qui ont fait « sortir » la géométrie de son cadre trop strict.

## Le cas des géométries non euclidiennes

Nous sortons provisoirement du domaine de la logique pour faire un petit détour par les mathématiques, et en particulier la géométrie euclidienne et la naissance des géométries non euclidiennes. Ce rappel nous montrera une démarche que l'on peut rapprocher de celle qui mène aux logiques non standard, comme le souligne Bourbaki : *« La situation créée par les 'paradoxes' de la théorie des ensembles est très analogue à celle qui résultait, en géométrie, de la découverte des géométries non-euclidiennes ou des courbes 'pathologiques' (comme les courbes sans tangente). »*

Rappelons que la géométrie euclidienne a longtemps été considérée comme l'archétype du raisonnement logico-déductif, faisant découler les concepts mathématiques d'un très petit corpus d'axiomes et postulats. La méthode axiomatique consiste à admettre sans démonstration certaines propositions (axiomes) pour dériver ensuite, à partir de ces axiomes, à l'aide de principes logiques, toutes les autres propositions du système en tant que théorèmes. Un postulat a la forme d'un théorème, mais n'a pas été démontré. C'est le cas du fameux cinquième postulat d'Euclide, dont les mathématiciens considéraient, jusqu'au XIX$^e$ siècle, qu'il pouvait être démontré à partir des quatre axiomes précédents. Afin de parfaire l'œuvre d'Euclide, plusieurs mathématiciens ont tenté cette démonstration, en l'occurrence une démonstration par l'absurde.

Le cinquième postulat est le suivant : « Par un point extérieur à une droite, il passe toujours une parallèle à cette droite, et une seule. » (ou selon l'expression, plus complexe, mais équivalente, donnée par Euclide : « Si une droite, tombant sur deux droites, fait les angles intérieurs du même côté plus petits que deux droits, ces droites prolongées à l'infini se rencontreront du côté où les angles sont plus petits que deux droits. »). C'est en voulant effectuer une démonstration par l'absurde que des mathématiciens ont découvert la possibilité de géométries non euclidiennes (Gauss en 1813), dont la géométrie hyperbolique, à courbure négative (Lobatchevski en 1829 et Bolyai en 1832), et la géométrie sphérique ou elliptique, à courbure positive (Riemann en 1867).

Les logiques non standard consistent à *sortir de la logique classique*, de la même manière que des mathématiciens comme Gauss, Riemann, Lobatchevski et Bolyai sont *sortis de la géométrie euclidienne* en fondant les géométries non euclidiennes qui mettent en cause le cinquième postulat d'Euclide. De même qu'il existe une seule géométrie euclidienne et une infinité de géométries non euclidiennes, il existe une seule logique classique (binaire, aristotélicienne) et un grand nombre, sinon une infinité, de logiques non standard.

**Vers les logiques non standard**

Alfred Korzybski a été le premier à remettre en cause, au début du XXe siècle, les postulats de la logique d'Aristote et les schémas de pensée aristotéliciens ancrés dans le langage occidental habituel, dans ce qu'il a appelé la « sémantique générale ». Si les trois principes d'Aristote (cf. chapitre 10) ne sont pas acquis, la logique cartésienne cède la place à d'autres logiques, dites **non standard**. Ces logiques peuvent être soit rivales, soit complémentaires de la logique classique. Les premières invalident certains principes de la logique classique. Les secondes étendent le domaine de la logique avec des expressions qui ne sont pas traitées par la logique classique.

Par exemple, le paradoxe du Menteur, cité au début de ce chapitre, vient de ce que la logique classique demande qu'un énoncé soit vrai ou faux. Peut-être ce paradoxe montre-t-il que certains énoncés ne sont ni vrais ni faux (abandon du principe du « tiers exclu »), ou peuvent être à la fois vrais et faux (abandon du principe de non-contradiction). Le paradoxe disparaît également si l'on admet une troisième valeur de vérité, « indéterminé », en plus des valeurs « vrai » et « faux » (passage de la bivalence à la trivalence). C'est ainsi qu'une logique trivalente peut être considérée aussi bien comme rivale que comme complémentaire de la logique classique. La troisième valeur de vérité peut être attribuée, par exemple, aux énoncés scientifiques qui ne sont ni vérifiables ni réfutables.

Même si nous ne connaissons pas toutes les données d'un problème, même si les connaissances ne sont pas constantes dans le temps, même si l'objectivité absolue n'existe pas, il faut prendre des décisions. Les logiques non standard ouvrent la possibilité de prendre une décision quelle que soit la situation, mais celle-ci ne sera pas nécessairement catégorique et indiscutable, contrairement aux décisions résultant de la logique classique qui, elle, mène toujours à une réponse binaire.

En partant des trois principes d'Aristote, nous pouvons classer les logiques non aristotéliciennes (Ã) ou non standard comme suit :
- si le premier principe n'est pas vérifié, une chose n'est pas toujours égale à elle-même (exemples : logiques modale, temporelle, non monotone – cf. chapitre 13) ;
- si le deuxième principe n'est pas vérifié, une chose peut être à la fois vraie et fausse, partiellement vraie et partiellement fausse (exemple : logique floue – cf. chapitre 14) ;
- si le troisième principe n'est pas vérifié, une chose peut être soit vraie, soit fausse, soit autre chose (exemple : logiques multivalentes – cf. chapitre 14).

Il existe de nombreux exemples se heurtant au principe de non-contradiction :
- le « chat de Schrödinger » en mécanique quantique ;
- une particule à travers deux fentes de Young ;
- la barbe du capitaine Haddock (dans *Coke en stock*) ;
- le scrutin à deux tours en démocratie ;
- le théorème de Gödel ;
- etc.

Certaines logiques tiennent compte du fait que la « vérité » peut changer avec le temps (logique temporelle), avec le contexte (logique non monotone), avec le point de vue (logique modale). Des axiomatiques ont été développées pour ces nouvelles logiques, surtout durant la seconde moitié du XX$^e$ siècle. Arthur Norman Prior, considéré comme le fondateur de la logique temporelle, est l'un des théoriciens des logiques non standard : modale, multivalente, temporelle, hybride. McDermott, Allen, Halpern ont aussi apporté leur contribution à la logique temporelle, et Zadeh, Lee, Lukaciewics, Goguen à la logique floue. Pour les autres auteurs, nous invitons le lecteur à se reporter à l'annexe « Repères biographiques ».

Malgré les travaux de ces logiciens, ces logiques ne laissent pas de surprendre les Européens habitués à la logique classique et attachés au cartésianisme. Cependant la physique du XX$^e$ siècle (mécanique quantique, relativité) oblige de toute évidence à sortir du schéma aristotélicien, ce qu'ont déjà fait d'autres civilisations bien avant nous (Inde, Chine…) en admettant culturellement la non-supériorité de la logique dite classique.

**Logiques non standard et diversité**

Si nous nous en tenions à la logique classique, formellement rigoureuse et précise, comme nous l'avons vu au chapitre 11, il ne serait pas possible de prendre en compte la diversité des pensées et des raisonnements. En admettant d'autres logiques, nous admettons aussi que, à partir des mêmes prémisses, deux personnes puissent aboutir à des conclusions différentes. Les logiques non standard permettent ainsi, non seulement de choisir les hypothèses de notre raisonnement, mais aussi de « remplir » les lacunes avec nos croyances, nos doutes ou nos certitudes, et éventuellement d'aboutir à plusieurs conclusions, parmi lesquelles nous sommes plus ou moins libres de choisir ou que nous pouvons défendre à notre guise face à d'autres conclusions défendues par un adversaire. Nous pouvons donc admettre que c'est aux logiques non standard que nous devons notre libre-arbitre.

Par ailleurs, les formules qui traduisent les raisonnements non standard sont généralement plus complexes que celles de la logique classique (de même que les géométries non euclidiennes par rapport à la géométrie euclidienne), et sont donc plus aptes à décrire la complexité du monde et de notre environnement.

# CHAPITRE 13.

> « *Notre tête est ronde pour permettre à la pensée de changer de direction.* » (Francis Picabia)

## Modalités et vérité

Nous avons vu qu'il existe une logique classique, c'est-à-dire un seul ensemble de principes auxquels obéit cette logique. En revanche, il existe une multitude de types de logiques non standard, et au sein de chaque type, une déclinaison de logiques. S'il y a plusieurs logiques, c'est qu'il y a plusieurs « directions » possibles de notre pensée, qui, en partant d'une proposition vraie, peuvent mener non plus à une vérité unique et incontestable, mais à une pluralité de vérités potentielles, comme nous allons le voir. (Nous ne reviendrons pas ici sur la distinction à faire entre « vérité » et « réalité » : la vérité est ce qui est considéré comme vrai par la population raisonnante.)

Une proposition « vraie » dans le monde actuel est prise en compte par la logique classique, mais elle peut aussi être « fausse » dans le monde actuel et « vraie » dans une fiction (roman ou film, par exemple). La littérature fantastique, les contes, la mythologie font évidemment appel aux logiques non standard. Ainsi, selon une légende indienne, un voyageur hindou souhaitait faire ses dévotions dans un temple ; le gardien de ce temple lui ayant interdit son accès sans lui préciser qu'il était dédié au dieu Vishnou, l'homme resta devant la porte pour invoquer son dieu favori, Shiva. O surprise ! Lorsque, après le départ du voyageur, le gardien rouvrit le temple, la statue de Vishnou s'était transformée en une statue de Shiva.

Voici comment les logiques non standard mettent en cause la notion de vérité. Un énoncé vrai est un énoncé qui a été vérifié ou qui peut être vérifié. Or un énoncé qui a été vérifié à un moment donné (par exemple « il fait jour » ou « cet homme est bronzé ») peut très bien ne plus s'avérer à un autre moment ou en d'autres circonstances. Ainsi, je peux affirmer « il fait jour » car il est 10 heures du matin à Paris, mais à New York, où il est 3 heures du matin, cet énoncé est faux. De même, un homme bronzé au retour de vacances peut être pâle un mois plus tard, ou bien paraître tel parmi une foule d'Africains. Notons que l'espagnol distingue deux verbes pour traduire le verbe être : *ser* pour une qualité essentielle, durable (*es moreno*, « il est brun », « il a les cheveux bruns ») et *estar* pour un état transitoire (*está moreno*, « il est bronzé »). La seconde proposition a évidemment un caractère de vérité beaucoup plus relatif ou variable.

Un énoncé peut aussi dépendre de la croyance, de la conviction ou du point de vue de celui qui l'exprime. Par exemple, pour un disciple de Darwin l'évolution qui a abouti à l'homme est le fruit du hasard, un astrophysicien démontre que l'homme est la conséquence lointaine du Big Bang, un adepte de la science-fiction soutient qu'il résulte de la visite d'extra-terrestres, alors qu'un théologien estime qu'il répond au dessein de Dieu ou à une finalité suprême. Nous pouvons à juste titre nous interroger sur la valeur d'un raisonnement rigoureux fondé sur de telles hypothèses. Dès lors que l'on sort de la logique classique, il convient donc de parler de « valeurs de vérité » et de « modalités », qui ne se réduisent pas aux notions absolues de « vrai » et « faux ».

**Possibilité, contingence et nécessité**

La possibilité et son contraire, l'impossibilité, sont des catégories modales, tout comme la nécessité et son contraire, la contingence. La nécessité est ce qui ne peut pas ne pas être, tandis que la contingence est la possibilité qu'une chose arrive ou n'arrive pas.

Il y a plusieurs conceptions philosophiques de la notion de possible, tout comme de la contingence. Selon certains philosophes, comme Aristote, le possible est un réel en instance de réalisation, de même que l'arbre est virtuellement présent dans la graine. Cette théorie relève du déterminisme et, en théologie, elle mène à la prédestination. Pour d'autres philosophes, tel Leibniz, les possibles appartiennent au domaine des vérités de fait, ou « vérités contingentes » : s'il est possible que je fasse $A$ ou $B$, cela ne veut pas dire qu'il est nécessaire que je fasse $A$ ou $B$ ; c'est le principe de raison suffisante qui tente de rendre compte du passage du possible à l'existence. Cette théorie est compatible avec le libre-arbitre. Pour Sartre, la contingence est absolue, c'est-à-dire que l'être ne peut être dérivé du possible ni ramené au nécessaire.

Pour passer du possible au réel, de la puissance à l'acte, nous voyons ainsi qu'il y a une alternative : (1) soit tous les possibles se réalisent toujours, automatiquement ; alors il ne s'agit pas de « possible » mais d' « antécédent » à un fait réel ; (2) soit parmi un ensemble de possibilités une seule se réalise, ce qui implique l'existence d'une influence déterminante (déterminisme) ou d'une volonté capable d'effectuer un choix (libre-arbitre). Certaines théories optent pour le premier membre de l'alternative, c'est le cas des « multivers », théorie impliquant l'existence réelle des mondes possibles associé avec la « sémantique de Kripke », ou le « réalisme modal », position défendue notamment par David Lewis. Pour ce dernier, dire que « $A$ est possible » équivaut à dire qu'il existe un monde possible où $A$ est vrai ; dire que « $A$ est nécessaire » équivaut à dire que dans tous les mondes possibles $A$ est vrai. Lorsque nous envisageons la possibilité d'un fait, nous imaginons un monde où ce fait est réalisé.

Cependant, lorsque nous prenons une décision, nous suivons évidemment le second membre de l'alternative, qu'il s'agisse de déterminisme ou de libre-arbitre. L'« axiome du choix » en théorie des ensembles est une traduction mathématique de cette proposition. (Cet axiome fait partie des axiomes optionnels et controversés de la théorie des ensembles. En effet, l'existence d'un objet défini à partir de l'axiome du choix n'est pas une existence constructive, c'est-à-dire que l'axiome ne décrit aucunement comment construire l'objet dont on affirme l'existence.)

## L'évidentialité

L'évidentialité est une caractéristique utilisée par les linguistes pour exprimer une certaine forme de modalité dans le langage naturel. Elle sert à indiquer si la preuve existe pour une source d'information donnée, en spécifiant la source ou la fiabilité d'une information. Dans les langues occidentales, cela s'exprime généralement par un élément grammatical particulier qui indique l'existence ou la nature de la preuve, ou bien le type de témoignage à l'appui d'une assertion donnée. Cet élément grammatical peut être un adverbe comme « évidemment », « apparemment » ou « manifestement » en français ou « *reportedly* » en anglais, ou bien une locution telle que : « à ce qu'il paraît », « à ce que j'ai entendu », « à ce que je comprends », « il me semble que », « j'ai entendu dire que », « je vois / j'ai vu que », « je pense que », « on dit que », « il paraît que », « on dirait que », « il apparaît que », « il s'avère que », « d'après certaines sources », etc. Certaines familles de langues intègrent nativement l'évidentialité ; c'est notamment le cas de l'*aymara* (langue originelle d'un des peuples amérindiens, actuellement parlée principalement en Bolivie), selon le linguiste Iván Guzmán de Rojas.

L'évidentialité permet de distinguer l'information « indirecte » (indirectement rapportée, avec focalisation sur sa réception par le locuteur-destinataire) de l'information « directe » (directement rapportée par le locuteur). Dans ce dernier cas, l'information peut résulter de l'observation directe du locuteur (« locuteur témoin »), ou indirecte. On parle de « source secondaire » pour marquer toute information non obtenue par observation ou expérience directe de la part du locuteur. Deux cas peuvent alors se présenter : (1) le locuteur ne fournit pas d'information sur la source de la connaissance, peu importe que l'information résulte d'un ouï-dire, d'une inférence ou d'une perception ; (2) le locuteur précise la nature de la source ou de la preuve à l'appui de l'assertion. De plus, l'information fournie par le locuteur peut être inférée à partir d'une autre information ou d'une observation ; l'évidentialité est alors dite « inférentielle ». D'où différentes catégories d'évidentialité : locuteur témoin ou non-témoin ; source primaire, secondaire ou tertiaire ; sensoriel ; visuel ou non-visuel (auditif, olfactif, etc.) ; inférentiel ; rapporté ; par ouï-dire ; cité ; supposé…

Le fait de marquer l'évidentialité a des implications pragmatiques. Par exemple, une personne qui exprime une assertion fausse en la présentant comme de source secondaire peut être considérée comme s'étant trompée ; si elle présente cette assertion comme un fait observé personnellement, celle-ci sera probablement taxée de mensonge.

**Logiques modales**

Dans les logiques modales, comme dans d'autres logiques non standard, la vérité revêt un caractère relatif : il est concevable qu'elle dépende de ce que l'on sait ou que l'on croit, qu'elle puisse évoluer et dépendre de conditions liées à l'espace, au temps, à notre propre perception, etc. Les logiques modales tiennent compte de ces multiples facteurs, elles admettent un contexte, un univers. D'où la notion de « mondes possibles » ou de « mondes évidentiels », dans lesquels peuvent coexister plusieurs vérités différentes, éventuellement contradictoires. Les logiques modales permettent ainsi de pallier un certain nombre de paradoxes de la logique classique (cf. chapitre 12).

Alors que la logique classique admet seulement deux valeurs pour une proposition : « $A$ est vrai » ou « $A$ est faux », les logiques modales proposent différentes formules, et constituent ainsi une extension de la logique classique avec, outre les connecteurs et quantificateurs usuels, des opérateurs modaux (possibilité, nécessité, évidentialité, etc.) qui peuvent recevoir diverses interprétations, par exemple :

> Il est nécessaire que $A$ soit vrai ;
> Toujours dans l'avenir $A$ sera vrai ;
> Il y a un instant dans le futur où $A$ sera vrai ;
> $X$ sait que $A$ est vrai ;
> $X$ croit que $A$ est vrai ;
> Il est possible, eu égard aux connaissances de $X$, que $A$ soit vrai.

Dans ces différentes formules, $A$ désigne une proposition et $X$ un agent, c'est-à-dire une personne pensante et raisonnante. Alors que la logique classique admet une notion de vérité absolue, nous voyons que la vérité en logique modale est souvent conditionnée par cet agent.

Et voici quelques exemples de phrases du langage courant, montrant que la logique modale est aussi naturelle que la prose pour Monsieur Jourdain :

> *- Je sais qu'il pleut (car je suis sorti et j'ai vu et senti la pluie sur moi) ;*
> *- Je sais qu'il pleut (je ne suis pas sorti, mais une source d'information digne de confiance me l'a dit) ;*
> *- Je crois qu'il pleut (car j'ai senti des gouttes tomber, mais cela peut être une gouttière qui fuit) ;*
> *- Il doit pleuvoir (car la météo l'a prédit) ;*
> *- Il est démontré qu'il doit pleuvoir (quelqu'un l'a démontré, par exemple à partir de l'examen du ciel et de la mesure de la pression atmosphérique) ;*
> *- Il va pleuvoir (car le ciel est menaçant) ;*
> *- Il peut pleuvoir (en raison du climat ou de la saison habituellement pluvieux).*

« sait », « croit », « doit », « peut », etc., sont des opérateurs modaux.

Ces exemples mettent en évidence divers paramètres de modalité : la culture, la situation géographique, le temps grammatical (passé, présent ou futur), le réseau de connaissances et d'informations, le caractère du locuteur (crédulité, confiance), la démontrabilité, etc. Certains courants philosophiques, notamment le jaïnisme et une branche de l'hindouisme, assortissent chaque proposition de la réserve « d'une certaine façon » ou « d'un certain point de vue ». Les logiques modales permettent de gérer ces diverses modalités qui peuvent se ramener à la possibilité, la probabilité, la contingence, la nécessité, l'évidentialité. Mais il existe des classifications plus fines et détaillées des logiques modales, en fonction des opérateurs modaux, qui se déclinent comme suit :

- **aléthique** (couvrant la possibilité, la nécessité et la contingence) ;
- **épistémique** (dépendant de la connaissance – connu, contestable, exclu, plausible, relatif à une connaissance commune, à une connaissance partagée) ;
- **déontique** ou moral (obligatoire/interdit, permis, facultatif) ;
- **doxastique** (dépendant de la croyance commune ou partagée) ;
- **hypothétique** (« si $A$ était vrai, alors que l'on sait que $A$ est faux ») ;
- **épitactique** (des impératifs) ;
- **érotérique** (des interrogatifs) ;
- **prohairétique** (des préférences) ;
- **dynamique** (dépendant du mouvement) ;
- **temporel** (dépendant du temps) ;
- **méréologique** (traitant de la relation entre les parties et le tout) ;
- **paraconsistant** ou révisable (tenant compte des incohérences).

Lorsque plusieurs systèmes d'opérateurs modaux coexistent, on parle de logiques multimodales. Nous allons passer en revue quelques-unes des logiques modales les plus utilisées avec certaines de leurs applications.

## Logique épistémique

Les scientifiques s'appuient fréquemment sur les logiques épistémiques, explicitement, mais surtout implicitement. Le chercheur admet généralement les résultats antérieurs lorsqu'ils ont été publiés par un média ou sur un support digne de « confiance ». L'historien raisonne à partir de textes écrits avant lui ou d'interprétations d'objets ou de documents effectués par ses pairs. De plus en plus, on parle de connaissance distribuée et de travail en équipe à travers le monde, ce qui implique de raisonner à partir des connaissances d'un autre. Dans le domaine technique, connaissances, action et planification sont rarement le fait d'un seul et même agent, et celui qui décide doit prendre en compte les interactions entre ces différents éléments et leurs agents. Par exemple, dans un projet d'Aviation civile portant sur la réalisation d'un système anti-collision embarqué, chaque avion est considéré comme un agent qui possède des connaissances privées et des connaissances partagées avec d'autres agents.

**Logiques possibiliste et probabiliste**

Lorsque les hypothèses ne sont pas entièrement définies, ce sont les logiques probabiliste ou possibiliste qui s'appliquent. Il s'agit d'une sous-classe des logiques dites « aléthiques », qui confèrent une valeur de vérité à une proposition. La **logique possibiliste** est dérivée de la théorie de Leibniz sur les « mondes possibles », laquelle théorie a fait l'objet d'un intérêt renouvelé, au XX$^e$ siècle, grâce à la sémantique des mondes possibles développée dans les années 1950 par Saul Kripke, Stig Kanger et Jaakko Hintikka. À partir de cette sémantique, une métaphysique des « mondes possibles » a été élaborée, dans laquelle plusieurs positions théoriques s'opposent concernant la réalité ou le statut ontologique de ces mondes, et leur utilité théorique. Pour Kripke, le modèle qui réalise la logique n'est pas constitué d'un seul ensemble, mais il se subdivise en « mondes » entre lesquels existe une relation d'accessibilité. Sachant qu'une modalité modifie une proposition en lui donnant une portée plus ou moins grande, la relation d'accessibilité permet d'envisager les mondes où cette proposition modifiée par la modalité est encore valid.

La **logique probabiliste** est d'origine plus ancienne puisqu'elle se fonde sur les travaux du mathématicien Thomas Bayes au XVIII$^e$ siècle. Elle utilise l' « inférence bayésienne », une démarche logique permettant de calculer ou réviser la probabilité d'un événement. Dans la perspective bayésienne, une probabilité n'est pas interprétée comme le passage à la limite d'une fréquence, mais comme la simple traduction numérique d'un état de connaissance (le degré de confiance accordé à une hypothèse, par exemple), et l'inférence bayésienne est fondée sur la manipulation d'énoncés probabilistes. Ces énoncés doivent être clairs et concis afin d'éviter toute confusion. L'inférence bayésienne est particulièrement utile dans les problèmes d'induction (cf. chapitre 10).

Il existe seulement deux règles pour combiner les probabilités, à partir desquelles est bâti tout l'édifice bayésien. Ce sont les règles d'addition et de multiplication de probabilités, désignées par $p(X)$, X étant une proposition, $p(X \mid Y)$ signifiant « la probabilité que X soit vrai lorsque Y est réalisé » et les symboles mathématiques $\cup$ et $\cap$ signifiant respectivement « ou » (union ensembliste) et « et » (intersection ensembliste).

La règle d'addition s'écrit :
$$p(A \cup B | C) = p(A|C) + p(B|C) - p(A \cap B|C)$$
La règle de multiplication s'écrit :
$$p(A \cap B) = p(A|B)p(B) = p(B|A)p(A)$$
Le théorème de Bayes, ou de « probabilité des causes », en dérive immédiatement en mettant à profit la symétrie de la règle de multiplication :
$$p(A|B) = \frac{p(B|A)p(A)}{p(B)}.$$

La logique probabiliste permet ainsi, à partir d'une observation donnée, de tenir compte des causes possibles, et donc de remonter des effets aux causes.

**Logique non monotone**

En logique formelle, le terme « monotone » désigne un système d'inférence où l'ajout d'un fait nouveau ne remet pas en cause les conclusions tirées précédemment. Dans une logique non monotone, les valeurs de vérité peuvent varier lorsqu'une nouvelle connaissance est ajoutée à un système, ainsi que les déductions faites à partir de ce système. On parle aussi de **logique révisable**. Ainsi, l'introduction de nouvelles connaissances ou de nouveaux axiomes peut invalider d'anciens théorèmes, au contraire de la logique monotone où les connaissances acquises ne sont jamais remises en question et où les mêmes prémisses aboutissent toujours aux mêmes conclusions.

L'information connue à un certain moment permet de faire des hypothèses sur une situation donnée. À mesure que le temps s'écoule, notre connaissance évolue et quelques-unes des formules qui n'étaient pas déterminées le sont devenues (actualisation des « mondes possibles »). La logique non monotone est donc une catégorie particulière de la logique modale, tandis que la logique temporelle peut être considérée comme étant un cas particulier de logique non monotone. Inversement, il arrive que des informations ultérieures invalident les premières hypothèses et nécessitent d'en faire d'autres. La conclusion découlant du premier ensemble d'hypothèses n'est donc plus valable. Le raisonnement non monotone est nécessaire et approprié chaque fois que l'on n'a qu'une connaissance partielle des choses.

Cette logique s'applique par exemple aux jeux de stratégie où les hypothèses doivent être révisées à chaque coup et en fonction de l'attitude de l'adversaire. Elle peut aussi trouver des applications en politique, où les « règles du jeu » peuvent varier au cours de celui-ci. C'est ce qui s'est passé lors de la chute de l'URSS en 1991. Eltsine, président de la Russie (la plus grande et principale République de l'URSS), veut prendre le pouvoir tout en passant pour démocrate. Il ne peut donc pas renverser Gorbatchev, président de l'URSS, donc hiérarchiquement supérieur à lui. La solution : il déclare que l'URSS n'existe plus. Conséquence : le président de l'URSS n'existe plus. Et Eltsine est le seul maître à bord.

Une variante de la logique non monotone est la **logique défaisable** proposée par Donald Nute. En logique défaisable, il y a trois types de règles : (1) les règles strictes, qui spécifient qu'un fait est toujours la conséquence d'un autre ; (2) les règles défaisables, qui spécifient qu'un fait est généralement la conséquence d'un autre ; (3) les défaiseurs, qui spécifient les exceptions aux règles défaisables.

Au cours du processus de déduction dans une telle logique, les règles strictes sont toujours appliquées, alors qu'une règle défaisable peut être appliquée seulement si aucun défaiseur d'une priorité plus grande ne l'interdit. Par exemple, la règle « toutes les autruches sont des oiseaux » est une règle stricte. La règle « tous les oiseaux volent » est par contre défaisable, et a pour défaiseur « les autruches ne volent pas ».

## Logique temporelle, logique spatiale

La logique temporelle tient compte du temps, la logique spatiale tient compte du lieu où elle s'exerce. Ces logiques ne s'intéressent évidemment pas plus à la nature du temps qu'à celle de l'espace. Le temps et l'espace sont pris en compte en logique classique en tant que termes arguments d'un prédicat. En logique temporelle ou spatiale, le temps ou l'espace sont considérés comme modalités associées au domaine d'interprétation d'une formule, aussi ces logiques se rattachent-elles aux logiques modales.

La logique temporelle s'applique à un univers en constante évolution en fonction du temps, la logique spatiale à un espace non homogène ni uniforme du point de vue du raisonnement. Nous avons vu que la logique temporelle peut être considérée comme un cas particulier de logique non monotone. Une même proposition peut avoir différentes valeurs de vérité à des instants différents. En logique spatiale, ce qui est vrai dans un pays peut être faux dans un autre ; les valeurs de vérité peuvent varier en fonction de la situation spatiale, par exemple l'eau bout à 100 °C au niveau de la mer, mais à une température inférieure en altitude…

Nous nous intéresserons ici surtout à la **logique temporelle**, qui a fait l'objet de nombreuses études et sert dans de nombreuses applications. En logique temporelle, les valeurs de vérité peuvent changer et tenir compte des processus d'évolution. Alors qu'en logique classique une proposition est vraie ou fausse, la logique temporelle admet plusieurs valeurs de vérité, par exemple :

$A$ sera vrai au moins une fois dans le futur ;
$A$ a été vrai au moins une fois dans le passé ;
$A$ sera toujours vrai dans le futur ;
$A$ a toujours été vrai dans le passé.

La logique temporelle s'applique notamment en biologie (ce qui est vrai pour le têtard ne l'est plus pour la grenouille qu'il deviendra, et inversement), ainsi qu'à des objets industriels. Par exemple, une feuille de papier n'est pas identique à elle-même au cours de sa vie ; elle est pâte à papier, elle peut devenir page d'un livre, support d'informations, puis cendre.

La modalité temporelle permet de représenter des informations de différents types :
- évolution temporelle permanente (exemple : « la Terre tourne », passage des saisons, etc.) ;
- évolution temporelle passagère (exemple : évolution d'un état, d'une maladie par exemple, augmentation de la taille d'un enfant, vieillissement d'un adulte, poussée des cheveux et autres évolutions biologiques…) ;

- faits dont la valeur de vérité change de façon discrète (exemple : « la porte de la maison de mon voisin est rouge, demain elle peut être repeinte en vert ») ;
- événements qui modifient l'état du monde, de deux manières : soit le déroulement interne n'est pas pris en compte, seul le résultat compte (exemple : « remplir la cuve ») ; soit le déroulement du phénomène est analysé (exemple : « la cuve est en train de se remplir »).

La logique temporelle implique des relations d'ordre, par exemple : avant, après, pendant, juste avant, longtemps après, durant $n$ heures… commencer/se terminer, simultanément à, inclusion des intervalles, etc. Ces relations peuvent être représentées graphiquement ou symboliquement. Elle est employée, par exemple, en informatique pour spécifier et vérifier des programmes concurrents (qui se déroulent en parallèle) ; elle permet de raisonner sur des séquences d'états induites par de tels programmes. Elle s'intéresse aussi aux processus communicants : $X$ rencontre d'abord $A$ puis $B$ ; la situation est différente si $X$ rencontre d'abord $B$ puis $A$. Elle tient donc compte de la non-commutativité des événements. Elle s'applique à la représentation historique (passé), à l'expression des phénomènes en biologie (durée, vieillissement, métamorphose, etc.), à la planification (futur), etc.

La logique temporelle définit plusieurs notions spécifiques telles que : la causalité entre deux événements ; la persistance, qui limite dans le temps les conséquences produites par un événement sur des faits ; le flot (flux) relatif à des systèmes évolutifs et en changement continu ; l'action sur les événements, pour produire ou empêcher un événement. Le problème que pose ce modèle est l'ambiguïté entre un fait (ensemble d'états) et un événement (ensemble délimité par deux états).

Plusieurs théoriciens ont travaillé sur ce domaine. Arthur Norman Prior a mis en place un formalisme pour exprimer la logique temporelle (prédicat temporel modal). Il a proposé d'utiliser la logique modale et la logique temporelle pour résoudre plusieurs problèmes théologiques ou éthiques, en particulier la question fondamentale : déterminisme ou libre-arbitre ? Drew McDermott a conçu un modèle pour la logique temporelle où le temps intervient dans des expressions sous forme de couple $(p,t)$, où $p$ est une assertion logique atemporelle et $t$ la quantification temporelle par rapport à laquelle $p$ est considérée. Le temps est considéré comme continu et infini, et les points temporels sont définis comme les entités élémentaires de représentation du temps. Il définit les paramètres suivants :

$T$ : ensemble d'instants, isomorphe à la droite des réels munie de la relation d'ordre ;
$S$ : ensemble d'états muni d'une relation de précédence ; linéaire à gauche (il peut y avoir ramification dans le futur mais pas dans le passé) et dense (pour tout couple d'états il existe un état intermédiaire) ; la liaison entre $S$ et $T$ est la fonction de datation ; c'est une application strictement croissante ;
$C$ : « chronique », représenté par un ensemble d'états totalement ordonnés, isomorphe à la droite des réels (« chronique ») ;
$E$ : « événement », représenté par un ensemble totalement ordonné et convexe, sous-ensemble de $S$, compris entre les états $S_1$ et $S_2$ correspondant aux dates $t_1$ et $t_2$, bornes de l'intervalle.

James F. Allen a conçu un modèle proche de celui McDermott, mais dans lequel l'unité temporelle est l'intervalle de temps $i$, défini par deux instants $t_1$ (début) et $t_2$ (fin), avec $t_1 < t_2$. Ce modèle est fondé sur le lien existant entre temps et événement, qui fait que la perception du temps équivaut à la perception des événements (il n'existe pas d'événements instantanés). Ce modèle définit treize relation entre intervalles : l'égalité ($i_1 = i_2$), les six relations : $i_1$ commence en même temps que $i_2$ ; $i_1$ inclus dans $i_2$ ; $i_1$ finit en même temps que $i_2$ ; $i_1$ précède $i_2$ ; $i_1$ se termine quand $i_2$ commence ; $i_1$ chevauche $i_2$ ; et leurs six réciproques. Il définit, en outre, trois types d'entités : les propriétés (vraies pendant un intervalle) ; les événements non décomposables temporellement ; les processus décomposables.

## Logique de l'action

La logique de l'action (*logic of action*) a été inventée par le finlandais Georg Henrik von Wright. Elle se présente comme un calcul opérant avec des propositions désignant des actions, et elle détermine les rapports logiques entre ces différentes propositions : dans quel cas peut-on conclure d'une proposition $P$ qu'elle est induite par une proposition $Q$, ou bien qu'une proposition $R$ est vraie si et seulement si une proposition $S$ est vraie ?

Dans ce système, il existe trois types distincts d'actions, une action consistant à :
(1) effectuer quelque chose (« *to bring about* ») ;
(2) ne rien faire (« *to leave something unchanged* ») ;
(3) laisser quelque chose avoir lieu (« *to let something happen* »).

La logique de l'action est aux yeux de son inventeur un élément indispensable à la constitution d'une logique déontique, d'où son rattachement aux logiques modales. La logique déontique analyse en effet quelles actions sont interdites, permises ou obligatoires. Or, une telle analyse exige au préalable de déterminer le statut des propositions désignant une action. Néanmoins, même indépendamment de la logique déontique, la logique de l'action est importante pour notre étude, dans la mesure où l'un des buts du raisonnement, l'une des cibles de la pensée dirigée, est justement l'action.

# CHAPITRE 14.

> *« Toutes les pensées sont nuancées (jamais de blanc ou de noir pur). »*
> (A.E. Van Vogt)

**Logiques multivalentes**

Nous avons vu que la logique classique est fondée sur le principe de bivalence, c'est-à-dire qu'elle ne reconnaît que deux valeurs de vérité : « vrai » ou « faux », tandis que les logiques multivalentes admettent plus de deux valeurs de vérité. La plus évidente à envisager et la plus fréquemment utilisée est la logique trivalente, dont la troisième valeur de vérité est intermédiaire entre « vrai » et « faux » : « indéterminé », « indéfini », « incertain », par exemple. Cette logique s'applique couramment dans la prise de décision. Un questionnaire propose généralement trois réponses possibles : « oui », « non », « ne sait pas » (« vrai », « faux », « indéterminé »). Le second tour d'une élection uninominale à deux tours offre le choix entre un candidat A et un candidat B, la troisième valeur réunissant différentes options : bulletin blanc, bulletin nul, abstention.

D'après Lukasiewicz, la logique trivalente, qui admet ces trois valeurs de vérité (« vrai », « faux », « indéterminé ») est en rapport avec le problème du déterminisme, d'une part, et celui de la complétude (cf. Gödel), d'autre part. Dans le premier cas, ce qui est indéterminé (la troisième valeur de vérité) peut devenir vrai ou faux dans un autre environnement (en présence d'informations supplémentaires, de conditions ou de circonstances qui lèvent l'ambiguïté) ; dans ce cas, l'indétermination est circonstancielle, et la logique trivalente peut se ramener à la logique temporelle (un énoncé indéterminé à un instant donné devient déterminé – vrai ou faux – à un autre instant) ou à la logique modale (je ne sais pas, mais je *dois* affirmer ou réfuter un énoncé). Mais l'indéterminé peut aussi être intrinsèque. C'est le cas de la mécanique quantique, à laquelle Reichenbach propose d'appliquer cette logique.

Il existe aussi des énoncés ne peuvent être ni vérifiés ni réfutés (*) à partir d'un ensemble d'énoncés initiaux, c'est-à-dire qu'ils peuvent être soit vrais, soit faux, soit ni vrais ni faux. C'est le cas du fameux postulat d'Euclide qui n'a pu être ni vérifié ni réfuté, et a ainsi donné lieu à des nouvelles géométries (Gauss, Riemann, Bolyaï et Lobatchevski, cf. chapitre 12). Notons le fait remarquable que deux théories fondamentales de la physique contemporaine s'inscrivent dans le cadre des logiques multivalentes : (1) la physique relativiste s'appuie sur une géométrie non euclidienne (espace de Riemann) qui elle-même résulte de la non-décidabilité du cinquième postulat d'Euclide, et (2) la mécanique quantique, avec les relations d'indétermination de Heisenberg, nécessite une troisième valeur de vérité.

Au-delà de la logique trivalente, qui pourrait être considérée comme un simple appendice à la logique classique, les logiques multivalentes posent un problème philosophique, comme le souligne Denis Bonnay dans une présentation de la logique de Hilary Putnam : *« Les logiques multivalentes constituent-elles de véritables alternatives à la logique classique, ou ne s'agit-il que de jeux formels qui exploitent une possibilité mathématique – ajouter des valeurs de vérité – dépourvue d'intérêt philosophique ? »*

## Logique quantique

En réfléchissant aux fondations de la mécanique quantique, John von Neumann a montré que la logique d'Aristote était en contradiction avec les principes de cette science. C'est pourquoi il a introduit la logique quantique, afin de prendre en compte les relations d'indétermination de Heisenberg, selon lesquelles deux types d'observables dites complémentaires, comme la position et l'impulsion, ne sont pas simultanément mesurables et ne peuvent donc pas être connues l'une et l'autre. Par ailleurs, ce domaine de la physique introduit la notion d' « intrication » ou de « non-séparabilité » d'objets quantiques liés, de telle sorte que le résultat de la mesure d'un de ces objets implique le résultat opposé sur l'autre objet, même si ce dernier n'a pas été mesuré directement. Il résulte de cette spécificité le fait que, avant la mesure, chacun des systèmes se trouve à la fois dans deux états opposés, ce qui a été explicité par l'expérience de pensée de Schrödinger connue sous le nom de « paradoxe du chat de Schrödinger ».

Des trois principes classiques (cf. chapitre 10), la logique quantique vérifie seulement le principe d'identité ($A = A$), mais pas celui de non-contradiction ($A \cap \bar{A} = \emptyset$) puisqu'une proposition peut être à la fois vraie et fausse (le chat mort et vivant à la fois, selon Schrödinger), ni celui du tiers exclu ($x \in A$ ou $x \in \bar{A}$) puisqu'une mesure peut donner un résultat, son contraire, ou l'indétermination (trivalence). La logique quantique, ainsi définie par deux caractéristiques non standard, entre en concurrence avec la logique trivalente de Reichenbach, exposée au paragraphe précédent, pour répondre aux besoins de la physique quantique.

**Logique floue**

La logique floue est fondée sur la théorie des sous-ensembles flous inventée et développée par Lotfi Zadeh en 1965. « Flou » (*fuzzy*) a le sens d'incertain, imprécis, incomplet ; il peut se rapporter à une qualité non mesurable ou non quantifiable, possible, probable, fréquente, etc. Le flou est communément considéré comme une imperfection provisoire à laquelle on pourrait remédier ou, au pire, comme une fatalité contre laquelle la science est impuissante. Or la théorie des sous-ensembles flous et la logique floue permettent de traiter des connaissances, des notions ou des objets flous de manière aussi rigoureuse que leurs équivalents « nets » en logique classique.

De même que la logique classique s'exprime mathématiquement par la théorie des ensembles (« $x$ vrai » équivaut à « $x \in A$ », $A$ étant un ensemble classique et $\in$ le symbole d'appartenance), la logique floue peut se traduire à l'aide d'une **fonction d'appartenance**, notée $\mu F$, à un sous-ensemble flou $F$. Cette fonction est la quantification de l'incertitude. La logique floue se présente ainsi comme une extension des logiques multivalentes, avec une infinité de valeurs de vérité, l'ensemble des valeurs de vérité étant l'intervalle [0, 1], dont les extrémités correspondent à des valeurs « nettes » : 0 (totalement faux) et 1 (totalement vrai), ce qui s'exprime par :

$\mu F(x) = 1$ si l'appartenance est totale,
$\mu F(x) = 0$ s'il y a exclusion totale,

où μF(x) est le degré d'appartenance de x au sous-ensemble flou F.

L'algèbre des sous-ensembles flous peut être construite comme une généralisation de celle des ensembles classiques ou ensembles nets, soit, si F et G sont deux sous-ensembles flous :
- égalité : $F = G \Rightarrow \mu F(x) = \mu G(x)$ pour tout $x$ ;
- complémentarité : si ¬F est le complémentaire de F, $\mu\neg F = 1 - \mu F$ ;
- inclusion : $F \subset G \Rightarrow \mu F(x) < \mu G(x)$ pour tout $x$, où ⊂ désigne l'inclusion ensembliste ;
- intersection : $\mu(F \cap G) = \min[\mu F(x), \mu G(x)]$ pour tout $x$, où ∩ désigne l'intersection de deux ensembles ;
- union : $\mu(F \cup G) = \max[\mu F(x), \mu G(x)]$ pour tout $x$, où ∪ désigne l'union de deux ensembles.

L'appartenance de certains des éléments d'un ensemble flou peut être clairement définie, tandis que celle d'autres éléments est douteuse ; elle dépend du point de vue et peut varier en fonction de divers facteurs, intervenant notamment sur un mode comparatif : facteur psychologique, facteur environnemental, etc. Par exemple, une personne peut se sentir malade, mais la situation est susceptible de varier en fonction des sollicitations extérieures ou de son désir de changer une situation. La lumière de la lune paraît très claire en pleine nuit, alors que le disque lunaire est à peine perceptible en plein jour.

L'appartenance à un ensemble flou peut être interprétée comme un « prédicat flou », et le degré d'appartenance comme « valeur de vérité » du prédicat flou. Dans la proposition « $X$ est $A$ », le degré d'appartenance reflète également la compatibilité entre la valeur assignée à $X$ et le concept flou représenté par $A$. Par exemple, la proposition « Les étudiants sont jeunes » peut se traduire par « Les *étudiants* appartiennent à l'ensemble des *jeunes*. » La compatibilité est évidemment d'autant plus grande que le degré d'appartenance est plus proche de 1. Le degré d'appartenance lui-même est une notion subjective. Il doit parfois être exprimé par une « valeur floue ». Un ensemble flou dont la fonction d'appartenance utilise des valeurs floues est un « ensemble ultraflou ».

L'équivalent de l'inférence classique (cf. chapitre 10) est l'inférence floue, munie d'une notion de proximité, et le *modus ponens* s'exprime comme suit : $A'$ vrai ($A'$ proche de $A$) et $A \rightarrow B$, alors $B'$ vrai

(*B'* proche de *B*), où *A'* et *B'* sont des propositions floues respectivement proches de *A* et *B* (propositions classiques). Par exemple, « Alain est petit » ; « Alain et Bertrand ont à peu près la même taille » ; donc « Bertrand est (plus ou moins) petit ».

Ainsi le fameux syllogisme classique : « Les hommes sont mortels et Socrate est un homme ; alors Socrate est un homme » peut être transposé dans le syllogisme « flou » suivant : « La plupart des hommes sont ordinaires et Jean est un homme ; alors il est vraisemblable que Jean est ordinaire ».

**Logique floue et linguistique**

Les sous-ensembles flous sont bien adaptés à la représentation de la langue naturelle. En effet, en langage courant, nous utilisons plus volontiers des notions floues que des valeurs nettes, bien définies quantitativement. La plupart des qualificatifs usuels sont flous et ne se prêtent guère à la classification nécessaire à la logique classique. Ainsi, comment définir l'appartenance d'un élément à un ensemble lorsqu'il s'agit d'un qualificatif subjectif, dont la perception varie d'un individu à un autre : par exemple la taille, la douleur, la couleur, la beauté, le bonheur… ? Où se situe la frontière entre « grand » et « petit », « clair » et « foncé », « bleu » et « vert », « bon » et « mauvais » ?

Les **concepts flous** se rapportent à des ensembles dont les frontières ne sont pas définies, par exemple les races humaines, l'amitié, la maladie, etc. Ainsi « chauve » est un prédicat flou ; une personne ne passe pas de l'état « chevelu » à l'état « chauve » en perdant un cheveu. Les qualificatifs ou **prédicats flous**, par exemple « grand », « petit », « chaud », « jeune », « beau »…, peuvent être modifiés par des variables linguistiques telles que « très », « peu », « un peu », « extrêmement », « presque », « plus ou moins »… correspondant à de nouveaux sous-ensembles flous dérivés des sous-ensembles initiaux. Des **quantificateurs flous**, comme « la plupart », « beaucoup », « presque tous », « rarement »…, sont souvent implicites, sous-entendus, par exemple dans les propositions : « les étudiants sont jeunes » (« la plupart » sous-entendu), « Paris est une ville bruyante » (« presque tout le temps, presque partout » sous-entendu). Lorsque le quantificateur n'est pas explicite, la proposition exprime la « normalité », sa négation (le sous-ensemble complémentaire) les exceptions.

La logique floue permet ainsi de résoudre le paradoxe sorite ou paradoxe du tas. Sous sa forme originale, ce paradoxe s'énonce ainsi : « Un grain isolé ne constitue pas un tas ; l'ajout d'un grain ne fait pas d'un non-tas, un tas. Il s'ensuit que l'on ne peut pas constituer un tas par l'accumulation de grains ». Sinon, il existerait un nombre $n$ tel que : $n$ grains ne forment pas un tas, et $n+1$ grains forment un tas. Inversement, si l'on postule que « un tas reste un tas si on lui enlève un grain », alors « considérant un tas, on peut en déduire par récurrence qu'un grain unique ou même l'absence de grains constitue toujours un tas ».

## Applications de la logique floue

Nous avons vu que la logique floue est bien adaptée pour formaliser le langage naturel, mais aussi pour organiser les notions réelles qui échappent aux classifications nettes de la logique classique. Par exemple, la conduite d'un véhicule automatique peut s'effectuer à l'aide d'instructions floues telles que : atteindre une intersection à environ 100 m ; tourner à droite ; avancer d'environ 50 m jusqu'à un bloc de maisons où se trouve un restaurant chinois ; prendre légèrement à gauche ; avancer jusqu'à une boîte à lettres à 20 ou 30 m. En outre, l'injonction de s'arrêter passera par une phase de ralentissement progressif, de même que pour le démarrage. La logique floue s'applique également à l'aide à la décision en présence d'informations ou de connaissances imprécises, incertaines ou incomplètes, là où la logique classique est bloquée, par exemple, il s'agit d'optimiser le trajet d'une ville $A$ à une ville $B$, par un véhicule dont on ne connaît pas exactement les caractéristiques techniques, sur des routes dont une partie peut être coupée en raison de travaux, et comprenant un tronçon récent d'autoroute qui ne figure pas encore sur la carte routière en notre possession.

La logique floue permet ainsi la résolution progressive d'un problème, même si les hypothèses sont incomplètes, tout comme nous pouvons interpréter une image même si elle est de mauvaise qualité ; nous pouvons lire un texte même si les mots sont mal orthographiés, si certaines lettres ou même certains mots manquent, ou si l'écriture n'est pas très « lisible ». De même que nous reconnaissons un visage sur une photo floue.

Outre l'automatisation, la robotique, la reconnaissance d'images ou autres applications informatiques, l'utilisation de la logique floue est indispensable dans les sciences humaines (également, et à bon escient, appelées « sciences molles »), comme la biologie, l'économie, la sociologie, la psychologie, etc., ou bien dans des domaines où le nombre de paramètres est trop élevé pour pouvoir être pris en compte (la théorie des jeux, certaines réactions chimiques ou biochimiques, par exemple). Ainsi la notion de « race humaine » n'a pas de sens si l'on estime que les hommes peuvent se ranger dans des catégories bien délimitées. En revanche, si l'on admet que cette notion est floue, il est possible de considérer les individus comme appartenant plus ou moins à telle ou telle catégorie en fonction de caractéristiques physiques, physiologiques ou autres, même s'il est admis que cette classification n'a pas d'intérêt. Il en va de même si l'on veut classer les individus en malades et bien portants. Si une personne ayant 39 °C de fièvre est incontestablement malade, celle dont la température avoisine les 37 °C pourra se considérer comme bien portante ou malade suivant sa perception subjective.

Comme nous l'avons vu, la logique floue peut tenir compte de la subjectivité, elle admet les différences au lieu de les nier ou de les exclure. Elle relativise ainsi la « normalité », qui correspond à l'acceptation d'une vérité ou de son contraire par un groupe suffisamment important, suffisamment puissant ou fortement communiquant.

Au chapitre 4, nous avons vu que la décision ou l'action sont l'aboutissement du raisonnement. Contrairement au raisonnement classique, la logique floue n'exclut pas la possibilité de prendre une décision finale, mais celle-ci ne doit être prise qu'au moment où l'espace des possibilités est suffisamment réduit. Avant cette décision finale, la logique floue dispense de prendre des décisions intermédiaires ; chaque instruction floue peut ainsi donner lieu à plusieurs interprétations plus ou moins possibles, plus ou moins compatibles, puis parmi elles une interprétation sera choisie, ce choix pouvant être ultérieurement remis en cause par un retour en arrière si l'exécution d'instructions postérieures s'avère impossible. Toutefois, à la fin du compte, pour prendre une décision ou effectuer une action, il faut nécessairement aboutir à une proposition nette. Afin de réaliser ce passage du flou au non-flou, seules les occurrences correspondant à un degré de possibilité suffisant sont retenues et, parmi elles, la proposition ayant le degré de possibilité le plus élevé sera considérée comme concluante.

---

(*) Nous employons ici le terme « réfuter » pour désigner le contraire de « vérifier », c'est-à-dire « démontrer qu'un énoncé est faux », terme que certains auteurs et surtout les traducteurs de l'anglais (notamment ceux de Karl Popper) ont remplacé à tort par « falsifier ». En effet, « falsifier » signifie « fausser, tromper », contrairement à l'anglais *« to falsify »* signifiant « prouver la fausseté ».

# CHAPITRE 15.

> « *Le hasard qui seul parmi les divinités avait su garder son prestige.* » (Louis Aragon)

**Raisonnements volontairement absurdes, aberrants ou impossibles**

Nous avons insisté tout au long de cette étude sur la pensée *dirigée*, c'est-à-dire consciemment *orientée vers un but*, qui peut être une explication, une décision, un jugement, etc. Nous avons fait quelques écarts par rapport à cette direction en évoquant le hasard et les modes de pensée pré-scientifiques, que nous avons situés en deçà du raisonnement (chapitres 2 et 4).

Nous avons vu au chapitre 2 que le terme grec de μεθοδος (*méthodos*), qui a donné « méthode », a un deuxième sens peu connu en Occident, celui de « chemin détourné ». Cette voie est souvent plus féconde en découvertes, inventions ou créations, que la voie directe. Contrairement au hasard pur, elle suit un chemin, mais avec la possibilité d'infléchir la direction à tout moment et à n'importe quel stade du raisonnement, en fonction de l'environnement ou de l'événement qui se présente.

Il reste donc quelques pistes à explorer, ou du moins à citer. Elles peuvent être issues d'autres domaines que celui du raisonnement proprement dit, comme la littérature ou l'art. Nous avons trouvé utile de les citer, voire de les étudier un peu en détail, dans la mesure où elles permettent parfois de « débloquer » le raisonnement. Certes, il est aussi possible de laisser agir le hasard, voire de lui donner une signification, comme nous le montrons au paragraphe suivant. Quoiqu'il en soit, notre intention ici est de ne laisser de côté aucune méthode, aucun procédé, aucun moyen, sous prétexte qu'ils ne seraient pas « sérieux » ou pas « scientifiques ». Tel est donc l'objet de ce dernier chapitre.

**Le hasard contre la raison**

Nous avons déjà évoqué la causalité comme moyen d'expliquer les phénomènes (chapitres 2 et 3). La causalité intervient en effet dans de nombreux raisonnements, et nous avons vu que le raisonnement lui fait une grande place, consciemment ou non, ne serait-ce qu'en tant que réponse aux questions les plus fondamentales que nous nous posons, et qui commencent souvent par « Pourquoi ? » : « Parce que » introduit généralement une cause au phénomène interrogé.

Nous convenons que le raisonnement a pour ambition de résoudre tous les problèmes sauf ceux de la foi et du hasard, même si des considérations fidéistes ou des accidents fortuits mènent parfois à se poser la question du « pourquoi ». Nous laisserons de côté la foi qui est de l'ordre de la religion, laquelle sort de notre champ d'investigation. En revanche, le hasard nous intéresse dans la mesure où il a été et est encore utilisé par certains peuples ou dans certaines circonstances. Ce mot d'origine arabe (*al-zahr*) signifie à l'origine « dés » et a pris la signification de « chance » car il désigna jusqu'au XII$^e$ siècle un jeu de dés, mais aussi par métaphore tous les domaines relevant de la « science de la Chance » (Averroès). L'équivalent occidental de ce terme est le mot latin *alea*, qui a donné les termes « aléa », « aléatoire ».

Le jeu de dés est un jeu sans règles, même si les dés sont soumis aux lois physiques considérées comme déterministes. On parle de hasard pour un phénomène que l'on ne peut pas prévoir, dont on ne peut pas remonter la chaîne causale. Il est dénommé « coïncidence » lorsqu'il est réduit à la rencontre de deux événements déterministes, de deux séries causales, comme par exemple, la tuile tombant d'un toit sur la tête d'une personne qui passait par là au même moment. Le hasard vient perturber le cours normal et rationnel des choses. Nous considérons qu'il est à l'origine du chaos, puisqu'il détruit un ordre prédictible. C'est un élément inconnu qui survient dans un contexte familier, et par là-même peut causer la terreur. Pour le conjurer, les hommes utilisent souvent des techniques irrationnelles, du ressort de la superstition, de la magie ou de la foi.

L'analyse des jeux de hasard est à l'origine d'un des paradoxes mathématiques, qui fait surgir l'ordre du désordre. On observe, en effet, qu'une grande quantité d'événements dus au « hasard » obéit à des régularités ; il en va de même, par exemple, pour le nombre de tués sur les routes des vacances, pour la proportion de femmes et d'hommes dans une population, pour la courbe des âges... Ces observations ont donné lieu à des théories mathématiques qui forcent le hasard à rentrer dans un cadre rationnel et autorisent, dès lors, sa prise en compte dans le raisonnement : la théorie des chances, aujourd'hui connue sous le nom de théorie des probabilités, les statistiques, la théorie des jeux.

S'il est rejeté par la science occidentale, en Chine, au contraire, le hasard est le fondement de la raison. Il fait l'objet du premier des cinq livres confucéens et est codifié dans l'un des principaux ouvrages traditionnels chinois, le *Yi Jing* (Livre des mutations). Considéré à tort comme un livre de divination, ce recueil est un support de la pensée pour les Chinois. Il réalise le couplage entre un signe terrestre (la valeur *yin* -- ou *yang* –, la pièce lancée qui tombe sur pile ou face) et un phénomène cosmique ou une situation énergétique. Utilisé depuis des siècles pour répondre à des questions météorologiques, vitales pour l'agriculture très sensible au climat, ainsi que pour relier une situation personnelle avec un moment donné, le hasard est vu en Chine comme le seul élément significatif, tandis que les événements déterministes – qui ne laissent pas de place au hasard – ne méritent pour les Chinois aucune considération particulière. Le hasard est ainsi un mode de construction ou de compréhension du monde, qui échappe totalement à la rationalité cartésienne qui nous est familière.

## Sérendipité et voies détournées

Définie comme le fait, pour une découverte ou une invention, d'être inattendue car faite accidentellement, fortuitement, parfois dans le cadre d'une recherche orientée vers un autre sujet, la sérendipité permet de trouver quelque chose alors même que l'on recherche autre chose. C'est ainsi qu'ont été découvertes, entre autres, l'Amérique et la pénicilline, qu'ont été inventés la presse à imprimer, le four à micro-ondes, le *Post-it*, le *Teflon*, le *Velcro*. La sérendipité n'est évidemment pas favorisée par l'hyperspécialisation de la recherche, le spécialiste étant selon la définition de Bruno Lussato, déjà citée au chapitre 2, « *le genre d'homme que l'on envoie chercher de l'eau au puits et qui, rencontrant une licorne sur le chemin, n'y fait pas attention, parce que ce qu'il est allé chercher, c'est de l'eau et pas une licorne. »*

Le terme est tiré d'un conte persan, « *Voyages et aventures des trois princes de Serendip* » (Serendip étant l'ancien nom de Ceylan), publié en 1557 par l'imprimeur vénitien Michele Tramezzino. L'histoire raconte que le roi de Serendip envoie ses trois fils à l'étranger parfaire leur éducation. En chemin, ils ont de nombreuses aventures au cours desquelles ils utilisent des indices souvent très ténus grâce auxquels ils remontent logiquement à des faits dont ils ne pouvaient avoir aucune connaissance par ailleurs. Par exemple, ils utilisent les traces laissées par un animal qu'ils n'ont jamais vu pour le décrire avec précision (chameau boiteux, borgne, ayant une dent en moins, transportant une femme enceinte, chargé de miel d'un côté et de beurre de l'autre). Cependant, les inférences issues de cette succession de raisonnements inductifs ne constituent qu'une part de ce que la sérendipité offrira aux trois frères dans le reste du conte. Celui-ci donne d'autres exemples où les trois princes reçoivent des récompenses (mariages avec de belles princesses, royaumes, richesse, etc.) pour leurs découvertes, astucieuses ou accidentelles, alors qu'ils ne recherchaient nullement de telles récompenses. Ce conte est repris par Voltaire dans *Zadig ou la destinée* (1748).

La sérendipité a été caractérisée d'abord par l'Anglais Horace Walpole, qui serait aussi l'inventeur du terme anglais de *serendipity*. Pour Walter Bradford Cannon, c'est « *la faculté ou la chance de trouver la preuve de ses idées de manière inattendue, ou bien de découvrir avec surprise de nouveaux objets ou relations sans les avoir cherchés.* » D'autres scientifiques ou philosophes, essentiellement anglo-saxons, ont étudié ce procédé. Le sociologue américain Robert King Merton distingue deux types de sérendipité : (1) la découverte accidentelle de résultats pertinents que l'on ne cherchait pas, par exemple par l'observation d'une donnée inattendue, aberrante et capitale, qui donne l'occasion de développer une nouvelle théorie ou d'étendre une théorie existante ; (2) le processus par lequel une découverte inattendue et aberrante éveille la curiosité d'un chercheur et le conduit à un raccourci imprévu qui mène à une nouvelle hypothèse. Dans le premier cas, où un chercheur fait une découverte inattendue, on parle de « vraie sérendipité ». Dans le second cas, où un chercheur résout un problème qu'il avait l'intention de résoudre, mais en trouve le moyen de manière fortuite, il s'agit de « pseudo-sérendipité » (*pseudoserendipity*). Dans tous les cas, la découverte surprenante est généralement suivie d'un raisonnement classique, ce qui lui permet d'entrer dans les canons scientifiques universellement reconnus.

## Clinamen et 'Pataphysique

Décrit par Lucrèce dans « *De natura rerum* », le **clinamen** consiste à dévier de la ligne droite, ou à obliquer par rapport à sa pente naturelle (par exemple, la verticale pour la chute libre d'un corps) : « *Si par leur clinamen les atomes ne provoquent pas un mouvement qui rompe les lois de la fatalité, et qui empêche que les causes ne se succèdent à l'infini, d'où viendrait donc cette liberté accordée sur terre aux êtres vivants ; d'où viendrait, dis-je, cette libre faculté arrachée au destin, qui nous fait aller partout où la volonté nous mène ?* » Par cette description, Lucrèce montre qu'il existe une voie féconde de découverte, qui consisterait justement dans cette déviance.

Cette notion a aussi été largement utilisée par l'OuLiPo, acronyme de « Ouvroir de littérature potentielle », groupe international de littéraires et de mathématiciens se définissant comme des « *rats qui construisent eux-mêmes le labyrinthe dont ils se proposent de sortir* » et considérant que les contraintes formelles sont un puissant stimulant pour l'imagination. Georges Pérec, l'un des membres de l'OuLiPo, le définit ainsi : « *Nous avons un mot pour la liberté, qui s'appelle le clinamen, qui est la variation que l'on fait subir à une contrainte.* »

Ces écarts qui paraissent des accidents de parcours, des épiphénomènes, rapprochent le clinamen de la **'Pataphysique**, d'autant que les membres de l'OuLiPo sont souvent également 'pataphysiciens. L'instigateur de la 'Pataphysique, sous le nom de Docteur Faustroll, Alfred Jarry la définit comme « *science des solutions imaginaires qui accorde symboliquement aux linéaments les propriétés des objets décrits par leur virtualité.* » Dans ses observations, le 'pataphysicien s'intéresse aux exceptions, puisque c'est l'anomalie qui fait avancer les idées, selon un adepte de ce courant, Boris Vian. Un autre 'pataphysicien, qui se cache sous le pseudonyme d'Oktav Votka, écrit qu'Épicure « *a saisi qu'au centre de toute pensée comme de toute réalité (qui n'est jamais pour quiconque qu'une pensée de réalité), il y a une aberration infinitésimale, une inflexion indispensable, qui cependant oriente et désoriente tout. Le clinamen est donc bien autre chose qu'un hasard ou qu'une chance comme on le dit souvent.* »

Le clinamen et ses déclinaisons oulipienne et 'pataphysicienne, tout en étant assez voisin de la sérendipité, permettrait de s'affranchir de certains blocages dans le raisonnement, comme la double contrainte ou le dilemme, exposés ci-après.

## Double contrainte et dilemme

La **double contrainte** exprime deux contraintes qui s'opposent : l'obligation de chacune contenant une interdiction de l'autre, ce qui rend la situation *a priori* insoluble. Ce terme, dont l'équivalent anglais est *double bind* (« double lien »), désigne l'ensemble de deux injonctions qui s'opposent mutuellement. Elle exprime le fait d'être acculé à une situation impossible, où sortir de cette situation est également impossible. L'exposition d'une telle situation est l'une des bases de la dramaturgie depuis l'antiquité (*Antigone*, par exemple). Elle peut être identifiée dans des domaines comme l'éthologie, l'anthropologie, la situation de travail ou la communication internationale. En logique, la double contrainte se traduit par un paradoxe (cf. chapitre 12).

Le principe de double contrainte trouve son inspiration dans l'étude des mécanismes des systèmes, notamment au cours des conférences Macy dans les années 1940. Il s'agit de conférences organisées à New York par un groupe interdisciplinaire de mathématiciens, logiciens, anthropologues, psychologues et économistes qui s'étaient donné pour objectif d'édifier une science générale du fonctionnement de l'esprit. Cette théorie rejoint ainsi la systémique (cf. chapitre 8).

Au contraire de la double contrainte, le **dilemme** débouche sur la difficulté d'effectuer un choix entre deux options d'importance quasi égale, en raison de l'ambiguïté d'une situation. Le dilemme peut être illustré, par exemple, par l'image où l'observateur doit choisir entre la forme d'un vase blanc sur fond noir et celle de deux silhouettes noires de profil vis-à-vis. De nombreux artistes ont exploité cette ambiguïté, notamment M.C. Escher dans plusieurs de ses dessins, ou Salvador Dali dans son tableau intitulé « Marché d'esclaves avec apparition du buste invisible de Voltaire ». Un autre exemple connu de dilemme est celui de l'âne de Buridan qui, aussi affamé qu'assoiffé, doit choisir entre un sac d'avoine et un baquet d'eau. Pour passer du dilemme à une situation de double contrainte, il faudrait par exemple que l'âne sache qu'il est contraint à boire et à manger, mais qu'il sache aussi qu'il est battu quand il boit parce qu'il ne mange pas, et qu'il est battu quand il mange parce qu'il ne boit pas.

## Systèmes exotiques

Des systèmes de pensée développés indépendamment de la pensée occidentale peuvent aussi être une source d'inspiration pour mettre au jour d'autres logiques. Ainsi, de nombreuses écoles de philosophie ont fleuri en Inde. Le savant indien Madhava en a dénombré seize vers 1350. Nous avons déjà cité le système hindou des *darçana* et le non-dualisme (*advaïta*) du Vedanta, développé par Shankara. Dans le Bouddhisme, la théorie du *dharma* dit que tout est flux de processus instantanés. Le Jaïnisme souligne le caractère limité, relatif et conventionnel de tout jugement et impose de faire précéder toute proposition de la formule « d'une certaine façon ».

La pensée chinoise traditionnelle considère aussi la dualité (*Yin/Yang*) comme fondamentale, mais elle la dépasse en admettant que tout ce qui existe peut être une combinaison de ces deux membres, ce qui est présenté par les huit trigrammes du *Yi Jing* (Livre des mutations). Nous avons vu également, via l'écriture idéographique chinoise (cf. chapitre 12), que les contraires ne sont pas incompatibles dans cette langue.

## La méthode paranoïaque-critique

Enfin, nous terminerons par une « méthode » instaurée par Salvador Dali. L'artiste surréaliste était familier de l'écriture automatique chère à André Breton et à son groupe. La méthode paranoïaque-critique est, selon Dali, *« une méthode spontanée de connaissance irrationnelle, basée sur l'objectivation critique et systématique des associations et interprétations délirantes. »*

Dali a posé les bases de son système dans son œuvre littéraire, dès 1930 dans *L'Âne pourri*, et il en décrit les applications dans *La Vie secrète de Salvador Dali*, autobiographie publiée en 1952. La méthode consiste à exploiter la paranoïa, névrose ou psychose dont le sujet est conscient, pour le conduire à l'écart des « sentiers battus », et notamment à l'écart des préjugés sur la réalité, puisque le sujet en question est précisément écarté de la réalité en raison de sa maladie.

Utilisée par Dali pour exacerber la créativité dans l'art, cette méthode pourrait donc aussi proposer de nouvelles directions pour la pensée raisonnante.

# CONCLUSION

> « *En fréquentant mon maître, je m'étais rendu compte, et je m'en rendis de plus en plus compte dans les jours qui suivirent, que la logique pouvait grandement servir, à condition d'y entrer puis d'en sortir.* » (Umberto Eco)
>
> « *Si vous pouviez faire un peu de silence, on comprendrait peut-être quelque chose.* » (Federico Fellini, « La voce della luna »)

Les modes de raisonnement formels sont linéaires. La diversité des raisonnements, des modes de « pensée dirigée », nous prouve que la pensée ne l'est guère. Dans cet ouvrage, nous avons tenté de mettre au jour les processus mentaux qui précèdent les décisions, les jugements, les découvertes, et de défaire l'écheveau de la rationalité, mais à ce stade terminal de notre étude nous restons évidemment sur notre faim, pris dans nos doutes.

Pour sortir de ce semblant de labyrinthe, à l'image des circonvolutions cérébrales, où chaque mur qui limite notre progression est une nouvelle question, nous avons déjà avancé quelques clés : le Théorème d'Incomplétude de Gödel ; des bribes des philosophies orientales ; des techniques comme la méditation ; l'art, la poésie et l'image pour échapper à la linéarité du discours ; le *zen* qui, à travers le jeu des *koan* (questions-réponses du maître à son élève), sert, par son aspect absurde, paradoxal, contradictoire, à dérouter. Or, quand il est *dérouté*, l'esprit suit un chemin *différent*, échappe à toute méthode.

La science est tout entière fondée sur un modèle « logico-centrique », comme la représentation du monde avant Copernic était fondée sur un modèle « géocentrique ». Le changement de référentiel est à l'origine de la révolution copernicienne. Un changement analogue, considérant la logique rationnelle comme un axe parmi d'autres, mais non comme le pôle central, pourrait correspondre à un bouleversement total de notre rapport à la réalité. Poursuivant notre analogie avec la représentation de l'Univers, avant Copernic on considérait la Terre comme immobile, mais le mouvement des autres planètes était extrêmement complexe à décrire. De même, la logique rationnelle est simple lorsqu'elle est appliquée dans les domaines adéquats, très restreints (les « cas d'école »), mais tous les phénomènes périphériques semblent trop complexes (« illogiques ») lorsque nous essayons de raisonner à leur propos. Depuis Copernic, les scientifiques ont reconnu le mouvement de la Terre, à l'instar des autres planètes, ce qui complique certes sa propre description, mais facilite considérablement celle de l'Univers puisque c'est le même mouvement quasi circulaire (elliptique) qui peut être appliqué à toutes les planètes du système solaire.

De même, si nous acceptons de renoncer à donner à la logique rationnelle la place centrale, nous compliquons certes les problèmes dits d'école, mais tous les autres phénomènes devraient trouver leur place dans cette nouvelle perspective et être aussi aisément résolus.

# ANNEXE

# REPÈRES BIOGRAPHIQUES

*La présente annexe est une recension des noms des personnages historiques qui ont fait avancer la pensée, le raisonnement et la logique, montrant l'évolution chronologique de ces matières. Les parties 5, 6 et 7 font une entorse à ce classement car nous n'avons pas voulu disperser des auteurs faisant partie d'un même groupe ou d'une même tendance, caractéristiques d'une époque. La chronologie est toutefois respectée à l'intérieur de chaque partie. Enfin, la dernière partie se réfère également à l'époque contemporaine, mais les auteurs qui y sont recensés nous paraissent échapper à toute classification. Pour faciliter la recherche, nous avons ajouté un index alphabétique par noms d'auteurs à la fin de cette annexe.*

1. L'Antiquité : les présocratiques (y compris Socrate) – de -700 à -400

2. La période classique : les fondateurs de la logique – de -400 à +100

3. Antiquité tardive et moyen-âge : les théologiens philosophes – de 100 à 1500

4. La Renaissance et les Temps modernes : le rationalisme scientifique – de 1500 à 1900

5. Époque contemporaine – de 1850 à 2000

6. Les fondateurs des logiques non standard – de 1900 à 2000

7. Auteurs singuliers et contemporains – de 1950 à nos jours.

*Cette annexe a été en grande partie élaborée à l'aide de l'encyclopédie en ligne Wikipédia.*

1. **L'Antiquité : les présocratiques**

*Nous admettons que la réflexion sur le raisonnement en Occident commence au VII$^e$ siècle avant notre ère avec ceux qu'on a coutume d'appeler les Sept Sages grecs : Thalès, Solon, Chilon, Pittacos, Bias, Cléobule et Périandre. Il n'est pas encore question de philosophie, mais de σοφια (sophia, « sagesse »), dont l'une des maximes les plus célèbres est le γνωθι σεαυτον (gnôti séauton, « connais-toi toi-même ») attribuée à Socrate et gravée au fronton du temple d'Apollon à Delphes. Cette vision du monde s'articule sur un univers vu comme cohérent, le Cosmos, et une société structurée, la Cité. Nous trouverons également, parmi ces fondateurs grecs, quelques penseurs chinois contemporains de cette période.*

**Thalès de Milet**, né vers -625, mort vers -547, philosophe de la nature, est le premier « penseur » connu de l'histoire. Il passe pour avoir effectué un séjour en Égypte, où il aurait été initié aux sciences égyptienne et babylonienne. Il est considéré comme le premier à vouloir donner un sens téléologique à la nature, volonté qui constitue les racines fondatrices de la philosophie péripatéticienne (cf. Aristote). On lui attribue, en outre, de nombreux exploits arithmétiques, comme le calcul de la hauteur de la Grande Pyramide ou la prédiction d'une éclipse. Il est aussi considéré comme le premier « physicien » : on lui doit notamment la découverte de l'électricité et du magnétisme, grâce à deux expériences : la propriété de l'ambre (ηλεκτρον, *électron*) d'attirer les matériaux légers ; les propriétés d'aimantation de l'oxyde de fer, expérience réalisée en Magnésie, vers -600.
Du point de vue du raisonnement, Thalès s'écarte des discours explicatifs délivrés par la mythologie pour privilégier une approche fondée sur l'observation et la démonstration. Il suppose l'affirmation de vérités, non à partir de quelques objets singuliers, comme c'était le cas avant lui pour les Égyptiens ou les Babyloniens, mais pour une infinité d'objets contenus dans le monde et pour le monde lui-même. Il énonce ainsi des vérités concernant une classe entière d'êtres.

**Anaximandre de Milet**, né vers -610, mort vers -546, passe pour être le premier philosophe à avoir consigné ses travaux par écrit. Ceux-ci couvrent la philosophie, l'astronomie, la physique, la géométrie, la géographie. On attribue à Anaximandre la paternité de l'usage du mot απειρον (*apéiron*, « infini » ou « illimité ») pour désigner le principe originel. Il aurait aussi été le premier à employer dans un sens philosophique le terme αρχή (*archè*), lequel signifiait jusqu'alors le « commencement », l'« origine » ; à partir d'Anaximandre, il ne s'agit plus seulement d'un point dans le temps, mais d'une origine perpétuelle, qui peut continuellement donner naissance à ce qui sera. D'où ses réflexions sur l'origine et la cause des êtres et des phénomènes. Par exemple, il explique le tonnerre et les éclairs par l'intervention des éléments : le tonnerre serait le son produit par le choc de nuages sous l'action du vent, l'éclair serait une secousse d'air qui se disperse et tombe en permettant à un feu peu actif de se dégager, et la foudre serait le résultat d'un courant d'air plus violent et dense.

**Pythagore**, né vers -580, mort vers -495, serait le premier penseur grec à s'être qualifié lui-même de « philosophe ». Sa pensée s'assimile à l'école pythagoricienne qui se décompose en quatre domaines : arithmétique, musique, géométrie, astronomie, entre lesquels Pythagore souligne les liens : les figures de la géométrie se ramènent aux nombres de l'arithmétique – « le 1 est le point, le 2 la ligne, le 3 le triangle, le 4 la pyramide » – et les relations arithmétiques sont en rapport avec la géométrie (cf. le fameux théorème), les sons des musiciens se ramènent aux proportions des arithméticiens, ainsi qu'aux planètes.

**Confucius** ou Kongzi (-551 à -479) a profondément marqué la civilisation chinoise. Ses commentateurs et ses continuateurs proches comme Mencius et Xunzi ont formé un corps de doctrine, appelé confucianisme, choisi comme philosophie d'État en Chine pendant la dynastie Han. Jusqu'à la fin de l'Empire, en 1911, le système des examens, basé sur le corpus confucéen, est resté en vigueur. Certains analystes, chinois ou occidentaux, pensent que l'influence du confucianisme est toujours prépondérante à l'époque actuelle. Bien qu'il n'ait jamais développé sa pensée de façon théorique, on peut dessiner à grands traits ce qu'étaient ses principales préoccupations et les solutions qu'il préconisait : afin de vivre en bonne société avec ses semblables,

Confucius tisse un réseau de valeurs dont le but est l'harmonie des relations humaines

**Héraclite d'Éphèse**, né entre -544 et -541, mort à l'âge de 60 ans, estime que le discours ou λογος (*logos*) ne peut atteindre la vérité essentielle que propose la philosophie, mais reste à l'état de « jeu d'enfant », selon son expression : *« Quoique toutes choses se fassent suivant le logos, ils* [les hommes] *ne semblent avoir aucune expérience de paroles et de faits tels que je les expose. »* Sa pensée est parfois désignée sous le nom de « mobilisme » : l'être est éternellement en devenir, les choses n'ont pas de consistance, et tout se meut sans cesse ; nulle chose ne demeure ce qu'elle est, les choses sont des assemblages de forces contraires, et le monde est un mélange qui doit sans cesse être remué pour qu'elles y apparaissent. A propos du raisonnement, on lui doit également cette expression : *« Joignez ce qui est complet et ce qui ne l'est pas, ce qui concorde et ce qui discorde, ce qui est en harmonie et en désaccord ; de toutes choses une et d'une, toutes choses. »*

**Parménide**, né entre -540 et -500, oppose la logique à l'expérience. La pensée, en suivant les règles de la logique, établit ainsi que l'être est, et qu'il faut lui prédiquer des attributs non-contradictoires : il est intelligible, non-créé et intemporel, il ne contient aucune altérité et est parfaitement continu. Contrairement à Héraclite, pour Parménide l'unité de l'être rend impossible la déduction du devenir et de la multiplicité. Par ailleurs, il est le premier à avoir nommé le monde « l'Univers ».

**Anaxagore** (-500 à -428) est le premier philosophe à s'établir à Athènes, où Périclès et Euripide comptent parmi ses élèves. Sa philosophie est exposée dans « Περι Φυσεος » (*Péri Phuséos*, *« De la nature »*), dont il ne subsiste que quelques fragments repris par d'autres philosophes et scientifiques : toute la matière se trouve sous forme d'atomes, particules infiniment petites (idée reprise par Démocrite) ; une énergie, νους (*nous*), ordonne le monde en organisant et différenciant la matière et l'être (repris par Aristote) ; être et matière ne se produisent ni ne se créent, mais se transforment (repris par Lavoisier).

**Empédocle** (-490 à -435) est mal connu et sa vie a parfois un caractère légendaire manifestement dû à sa personnalité quelque peu excentrique : « *Il s'habillait de vêtements de pourpre avec une ceinture d'or, des souliers de bronze et une couronne delphique. Il portait des cheveux longs, se faisait suivre par des esclaves, et gardait toujours la même gravité de visage. Quiconque le rencontrait croyait croiser un roi.* » Sa pensée, influencée par l'Orient, l'orphisme et le pythagorisme, fait des quatre éléments (le Feu, l'Air, la Terre, l'Eau) les principes composant toutes choses. À ces éléments s'ajoutent les forces de l'Amour et de la Haine. La dualité Amour-Haine s'appliquant sur les quatre éléments produit une alternance : à un état où règne seul l'Amour et où tout est uni (σφαερος, le *sphaéros*, rappelant la sphère de Parménide), succède l'introduction progressive de la Haine jusqu'à complète séparation des éléments, l'Amour réapparaissant alors ramène les choses à l'unité et vers un nouveau cycle. La description de la génération des êtres vivants obéit au même double mouvement : d'un état primitif d'androgynie à la génération sexuée sous le progrès de la Haine ; des membres solitaires et errants cherchant à s'unir dans la phase de réunion sous l'impulsion de l'Amour.

**Protagoras** (-490 à -420), considéré par Platon comme un sophiste, est resté célèbre pour son agnosticisme avoué et un certain relativisme. Ses deux citations les plus notoires sont : « *Des dieux, je ne sais ni s'ils sont ni s'ils ne sont pas* » et « *L'homme est la mesure de toute chose : de celles qui sont, du fait qu'elles sont ; de celles qui ne sont pas, du fait qu'elles ne sont pas.* » Son enseignement, pour lequel il demandait à être rémunéré, est plus général que la rhétorique enseignée par la plupart des sophistes de son temps. Ses idées sur la rhétorique et le droit ont amené le « système adversaire », dans lequel un étudiant doit, dans le cadre de sa formation, débattre pour les deux parties. Protagoras fait un usage fréquent des antilogies : il affirme qu'en cas d'incertitude, deux thèses s'opposent nécessairement, et qu'il faut s'efforcer de défendre et de renforcer la plus faible d'entre elles.

**Mozi** (-479 à -392), philosophe chinois fondateur d'une école de pensée (les Moïstes), place le critère d'utilité au centre de sa démarche. Ce point de vue l'oppose à Confucius qui privilégie un point de vue éthique. L'exemple le plus fréquemment cité est celui des rites funéraires que la tradition de piété filiale et la stricte observance des rites préconisées par

Confucius rendent extrêmement contraignants : les Moïstes considèrent qu'une période de deuil de trois ans, généralement observée lors de la perte d'un parent proche, non seulement nuit à la santé de celui qui le porte, mais se révèle également nuisible pour la collectivité, étant donné qu'elle constitue un frein à l'activité économique. Selon des fragments reconstitués au début du XX$^e$ siècle, le premier énoncé est la cause ou le passé (*gu* en chinois), c'est-à-dire ce qui doit être obtenu pour qu'il y ait ensuite avènement ; la cause est liée au passé et conditionne le présent. Mozi distingue « petite cause » (nécessaire mais non suffisante) et « grande cause » (nécessaire et suffisante). Cette philosophie n'a guère été développée, car recouverte par le taoïsme.

Les **sophistes** sont des orateurs habiles et professeurs de rhétorique, stigmatisés pour leurs raisonnements fallacieux (sophismes). Les plus célèbres sont : **Protagoras** (né vers -490), expert en droit ; **Gorgias** (né vers -480), maître de la rhétorique ; **Antiphon** (né vers -480) spécialisé dans plusieurs domaines de la σοφια (*sophia*, « la connaissance », « le savoir ») tels que le juridique, l'onirocrisie, la mantique, la rhétorique ; **Prodicos** (né vers -470), l'un des premiers à étudier le langage et la grammaire ; et **Hippias d'Élis** (né vers -465), véritable encyclopédie vivante qui prétendait tout savoir. Pour les sophistes, la finalité se limitait à la victoire des arguments face à l'adversaire. Ils semblent tous s'être intéressés aux domaines suivants : l'analyse rationnelle des situations, des caractères, des lieux, des événements ; l'étude non spéculative, mais pragmatique de tous les domaines qui puissent être connus ; l'analyse du langage, non pour lui-même, mais en tant que moyen de persuasion, c'est-à-dire la rhétorique ; l'usage synonymique des mots, dans un sens strict, en vertu duquel chaque nom doit se référer à un seul et unique objet.

**Zénon d'Élée**, né vers -480, mort vers -420, est surtout connu pour ses fameux paradoxes, mais il est aussi considéré comme l'inventeur de la dialectique. Ses œuvres ont été perdues, nous ne les connaissons que par les citations qu'en ont faites les auteurs classiques, en particulier Aristote. Selon Platon, ses écrits rédigés pendant sa jeunesse visaient à défendre les arguments de son maître Parménide sur l'Un et critiquer ceux qui défendent la thèse de l'être multiple.

**Prodicos de Céos** (-470 à -399) est connu pour son enseignement. L'un de ses élèves est Socrate, auquel il demandait 2 oboles comme prix de ses leçons. Il est l'auteur d'un grand ouvrage intitulé *« Les saisons »* composé de deux parties : *« De la nature du monde »* et *« De la nature de l'homme »*. D'après des témoignages indirects, cet ouvrage semble avoir débuté par une description de la genèse de la civilisation, en parallèle avec une réflexion sur la nature et le divin selon une vision polythéiste, et se poursuit par une histoire naturelle de l'humanité et de ses réalisations.

**Socrate** (-470 à -399) est considéré comme l'un des inventeurs de la philosophie morale et politique. Il n'a laissé aucune œuvre écrite ; sa philosophie s'est transmise par l'intermédiaire des écrits de ses disciples Platon et Xénophon. Il enseigne, ou plus exactement questionne, gratuitement, contrairement aux sophistes qui enseignent la rhétorique moyennant une forte rétribution.

**Euclide de Mégare**, né vers -450, mort vers -380 (à ne pas confondre avec le mathématicien Euclide d'Alexandrie), est le fondateur de l'école mégarique. S'occupant surtout de logique, et notamment de dialectique, les Mégariques sont surnommés « éristiques » (disputeurs), parce qu'ils font dégénérer en dispute la science du raisonnement. Comme les Éléates (dont l'un des représentants est Zénon d'Élée), ils repoussent la certitude des sens, considérant ceux-ci comme trompeurs et ne voulant s'en rapporter qu'à la raison. Ce principe logique les conduits à la négation du mouvement, du changement, de la pluralité, à l'affirmation de l'immutabilité et à l'impossibilité d'inférer un être d'un autre être.

## 2. La période classique : les fondateurs de la logique

*La philosophie classique, toujours dominée par les Grecs, mais marquée par l'entrée en scène des penseurs latins, est marquée par l'intellectualisme : la raison est vue à la fois comme un instrument qui permet de théoriser et comme ce qui nous dicte la conduite à suivre dans un monde bien ordonné.*

**Platon** (-428 ou -427 à -348 ou -347), disciple de Socrate, présente l'essentiel de son œuvre sous forme de dialogues, où Socrate figure comme interlocuteur principal, les sophistes comme adversaires. Parmi les thèmes qu'il a développés, les plus connus et étudiés sont la séparation de la réalité en deux mondes : le sensible et l'intelligible, le premier étant l'image, le reflet, la copie du second, qui est paradigme, modèle, vraie réalité. Ce monde intelligible – le monde des Idées – est affecté de propriétés idéales (Égal, Beau, Bon, Juste). La théorie de la réminiscence permet à l'homme d'apercevoir ces Idées, ou du moins de les imaginer. Platon a inventé des mythes ou « allégories » dans le dessein de faire comprendre certaines pensées difficiles d'accès : l'allégorie de la caverne, l'allégorie de la Terre, le récit de la destinée des âmes.

**Xénophon** (-426 ou -430 à -355), philosophe et historien, disciple de Socrate, est considéré comme l'un des premiers contributeurs à l'invention de la sténographie : il note ses pensées sur son maître en utilisant un système d'écriture rapide en grec.

**Zhuangzi** (-IV[e] siècle), penseur chinois auquel est attribué un texte fondamental du taoïsme (*Dao*), présente le logicien Hui Shi ou Huizi (-380 à -305) comme un ami de l'auteur. Les philosophes occidentaux du XXe siècle qui se sont intéressés à sa philosophie l'ont souvent qualifiée de scepticisme, de perspectivisme ou de relativisme. Pour Zhuangzi, toutes les tentatives pour discourir sur la réalité visant à acquérir les bases de la connaissance fondatrice de l'action sont vaines, étant donné que le discours ne fait qu'opérer des découpages partisans de cette réalité. Il pose la question suivante : si le discours n'est pas un instrument approprié permettant d'acquérir des connaissances certaines, que reste-t-il à l'Homme et comment doit-il envisager sa position dans l'univers ? La réponse se situe dans le non-agir (*wuwei*) qui, loin d'être synonyme d'indolence, de passivité ou de repli, définit l'action en tant qu'elle est conforme à la nature des choses et des êtres, à l'image de l'immobilité de l'essieu au milieu de la roue en mouvement.

**Aristote** (-385 ou -384 à -322 ou -321), descendant d'une famille de médecins, s'intéresse d'emblée à la biologie. A l'issue de ses études à Athènes, il devient l'un des plus brillants disciples de Platon à l'Académie. A la mort de celui-ci, il rompt avec l'Académie et ouvre une école à Assos, en Troade, puis il fonde à Athènes une école rivale de l'Académie, le Lycée ou Péripatos (sorte de péristyle où l'on se promène en discutant), d'où la désignation de « Péripatéticiens » pour les disciples d'Aristote. Son œuvre principale est la *Physique*, suivie d'une douzaine de petits traités (sur la théorie des causes dans l'histoire de la philosophie, sur les significations multiples, sur l'acte et la puissance, sur l'être et l'essence, sur Dieu, etc.) que les éditeurs ont rassemblés et auxquels ils ont donné le nom de *Métaphysique* (« après la physique »). Selon Aristote, la logique n'est pas une science, mais un instrument, οργανον (*organon*), de la science.

**Théophraste** (-371 à -287), philosophe grec, élève d'Aristote et premier scholarque du Lycée, botaniste et naturaliste, accorde une grande importance à l'observation directe et à la description précise et rigoureuse. A un phénomène, il cherche à retrouver plusieurs explications et tente de distinguer les circonstances dans lesquelles elles ont été élaborées. Dans son traité *Sur les pierres*, il jette les bases de la classification scientifique. Il a développé la science du discours dans son traité *Sur la diction*, dans lequel il distingue quatre qualités de style : correction, clarté, convenance, ornementation. Il souligne l'importance du choix des mots, de l'harmonie qu'ils produisent, des tournures qui renferment les pensées. Il fait référence à Aristote, tout en prolongeant sa pensée. Ainsi Théophraste compte trois sortes d'antithèses : (1) L'on oppose à la même chose des choses contraires ; (2) L'on oppose les mêmes choses à une chose contraire ; (3) L'on oppose des choses contraires à d'autres qui le sont aussi, car ce sont les divers rapports qui peuvent se présenter. Il réduit les quatre classes de problèmes d'Aristote (le facteur, le genre, l'accident, le propre) à deux (le facteur, l'accident). Selon Théophraste, le principe est à la fois association et, pour ainsi dire, union intime entre eux des éléments intelligibles et des éléments physiques. *« Deux principes étant donnés, leur connaissance est fonction de leur développement. Si en effet le chaud ou le froid deviennent plus importants, l'idée qu'on en aura sera différente. »*

**Diodore**, dit Diodore Chronos (mort en -296), tient son surnom (χρονος, *chronos*, « temps ») d'une joute verbale disputée devant Ptolémée 1ᵉʳ Sôter avec Stilpon, l'un de ses condisciples : à l'une de ses questions, il a réclamé plus de temps pour répondre. Ptolémée se serait alors moqué de lui et lui aurait donné ce sobriquet. Il est connu pour avoir énoncé le principe de l'impossibilité du mouvement. Il est à l'origine de l'argument dit « dominateur », un ensemble de trois propositions où il y a obligatoirement conflit avec l'une d'entre elles, quelle qu'elle soit : (1) « Toute proposition vraie concernant le passé est nécessaire. » (2) « L'impossible ne découle pas logiquement du possible. » (3) « Est possible ce qui n'est pas actuellement vrai et ne le sera pas. »

**Démocrite**, né vers -360, mort en -270, philosophe grec, est considéré avec Leucippe comme le fondateur de l'atomisme. Pour lui, la nature est composée dans son ensemble de deux principes : les atomes (ce qui est plein) et le vide (ou néant). Les atomes sont des corpuscules solides et indivisibles, séparés par des intervalles vides, et dont la taille fait qu'ils échappent à nos sens. Par ailleurs, Démocrite a étudié des domaines très variés au point qu'on le considère parfois comme un des premiers encyclopédistes. Il distingue deux formes de connaissance : la connaissance par les sens, qu'il critique et appelle bâtarde et obscure, et la connaissance par l'intellect, qu'il appelle légitime et véritable. C'est la raison qui est le critère de la connaissance légitime.

**Épicure** (-342 à -270) est le fondateur de l'épicurisme, l'une des plus importantes écoles philosophiques de l'Antiquité. En physique, il soutient que tout ce qui est se compose d'atomes indivisibles, lesquels se meuvent aléatoirement dans le vide et peuvent se combiner pour former des agrégats de matière. En logique ou épistémologie, Épicure considère que la sensation est à l'origine de toute connaissance, ce qui préfigure l'empirisme. Il est également l'auteur de la théorie des « prénotions » (προλεπσις, *prolepsis*) : à partir d'expériences répétées, nous formons des concepts, lesquels constituent un point de départ pour la réflexion humaine, ce qui évite le recours à l'hypothèse platonicienne d'une réminiscence des Idées intelligibles.

**Euclide**, dit Euclide d'Alexandrie (-325 à -265), est considéré comme le fondateur de la géométrie. Son texte fondateur, les *Éléments*, réunit des énoncés de théorèmes avec leurs démonstrations mathématiques, qui font école jusqu'à nos jours. Il peut être considéré comme un pionnier dans sa présentation des mathématiques comme un système « hypothético-déductif », où chaque raisonnement s'achève par le fameux CQFD (« ce qu'il fallait démontrer »). Les bases de la géométrie euclidienne (dite classique) sont exprimées dans le Livre I des *Éléments* sous la forme de cinq axiomes (du grec αξιωμα, *axioma*, dérivé du verbe αξιειν, *axéin*, « évaluer », « apprécier », « juger digne ») :
1. Un segment de droite peut être tracé en joignant deux points quelconques distincts.
2. Un segment de droite peut être prolongé indéfiniment en une ligne droite.
3. Étant donné un segment de droite quelconque, un cercle peut être tracé en prenant ce segment comme rayon et l'une de ses extrémités comme centre.
4. Tous les angles droits sont congruents.
5. Si deux lignes sont sécantes avec une troisième de telle façon que la somme des angles intérieurs d'un côté est strictement inférieure à deux angles droits, alors ces deux lignes sont forcément sécantes de ce côté.
Euclide considérait ce cinquième axiome comme un « postulat », c'est-à-dire un énoncé que l'on peut démontrer comme un théorème à partir des quatre premiers. De nombreux mathématiciens s'y sont essayés sans succès, notamment à partir de formulations équivalentes, comme celle énoncée ultérieurement par le mathématicien Proclus : « Par un point donné, on peut mener une et une seule parallèle à une droite donnée. »

**Ératosthène** (-274 à -194), philosophe et mathématicien grec, est nommé par Ptolémée III à la tête de la bibliothèque d'Alexandrie et précepteur de son fils Ptolémée IV. Géographe et géomètre, il est célèbre pour être le premier dont la méthode de mesure de la circonférence de la Terre soit connue ; il démontre l'inclinaison de l'écliptique sur l'équateur et mesure son angle. En astronomie, il met au point des tables d'éclipses et un catalogue astronomique de 675 étoiles.

En mathématiques, il est l'auteur d'une méthode qui permet de déterminer par exclusion tous les nombres premiers (« crible d'Ératosthène ») ; il étudie le problème de la duplication du cube, et imagine le « mésolabe », instrument propre à connaître les moyennes proportionnelles.

**Cicéron** (-106 à -43), orateur romain, est surtout connu pour son art de la rhétorique. Il est l'auteur d'un traité sur la composition de l'argumentation en rhétorique *De inventione* (-84), où il détaille le plan type d'un discours : l'exorde, la narration, la division, la confirmation, la réfutation et la conclusion. En -55, il reprend ses réflexions théoriques avec les célèbres *Dialogi tres de Oratore* (Les trois dialogues sur l'orateur) où il présente les trois objectifs de l'orateur : « prouver la vérité de ce qu'on affirme, se concilier la bienveillance des auditeurs, éveiller en eux toutes les émotions utiles à la cause », ou plus brièvement « instruire, plaire, émouvoir ». Ce traité se présente sous forme de dialogue platonicien entre les grands orateurs de la génération précédente : Antoine, Crassus et Scævola, ce dernier ensuite remplacé par Catulus et son frère utérin César Strabon ; dans le second dialogue, les orateurs dissertent des différentes étapes définies par la rhétorique pour l'élaboration du discours, l'invention, la disposition et la mémorisation, et ils critiquent les règles scolaires grecques généralement admises ; l'humour manipulateur a même sa place, sous forme de raillerie pour le ton du discours, ou de bons mots pour réveiller l'intérêt du public ou calmer son excitation ; le dernier dialogue porte sur l'élocution et l'action. Le dernier ouvrage de Cicéron, *Topica*, écrit en -44, vise à expliquer les règles d'Aristote sur les *topoï*, éléments de l'argumentation.

**Lucrèce** (vers -98 à -55), poète et philosophe latin, auteur de *De rerum natura*, reprend les enseignements du Grec Épicure, et notamment sa théorie atomique. Ce texte est d'abord un traité de physique, même si l'enjeu essentiel de son explication scientifique de la nature est, pour les épicuriens comme pour Lucrèce, de montrer que le surnaturel n'existe pas : il donne une explication matérielle des objets et du vivant, qui prennent forme via des combinaisons d'atomes, ce qui constitue un tournant philosophique majeur, à l'origine du matérialisme et de la séparation de la science et de la religion. En ajoutant, dans les trajectoires des atomes des déviations dues au hasard (*clinamen*), le monde ne résulterait ainsi que de la matière et du hasard.

**Quintilien** (35-96), orateur et pédagogue latin, peut être considéré comme le premier professeur de l'instruction publique romaine. Sa plus grande œuvre, écrite entre 93 et 95, est *De institutione oratoria* (« De l'institution oratoire ») qui traite de la formation de l'orateur. Quintilien y décrit notamment les cinq étapes qui caractérisent l'art oratoire : *inventio* (« l'invention » – trouver quoi dire) ; *dispositio* (« la disposition » – savoir organiser ce qu'on va dire) ; *elocutio* (« l'élocution » » – choisir la façon pour le dire) ; *actio* (« l'action » – savoir joindre le geste à la parole) ; *memoria* (« la mémoire » – retenir ce qu'on doit dire). Il achève ce livre par la description des trois genres caractéristiques de l'éloquence, description qu'il emprunte à l'œuvre d'Aristote, *Poétique et rhétorique* : genre judiciaire ; genre démonstratif ou épidictique ; genre délibératif ou sumbouleutique.

**Plutarque** (46-125), penseur d'origine grecque, formé à l'école platonicienne, enseigne le grec et la philosophie à Rome. Son œuvre la plus connue est *Les vies parallèles des hommes illustres* qui rassemble cinquante biographies dont 46 sont présentées par paires de personnages, chaque paire comparant un Grec et un Romain célèbres (par exemple, Thésée et Romulus, Alexandre le Grand et César, Démosthène et Cicéron). Dans les dialogues *De la face qui paraît sur la Lune* et *Œuvres morales*, Plutarque expose une Physique originale : l'observation de l'aspect irrégulier de la Lune le conduit à affirmer que la lune est une « terre céleste » qui réfléchit les rayons du soleil ; il abandonne la notion de différence entre les mondes sub-lunaire et supra-lunaire. Il préfigure la mécanique newtonienne en avançant que tous les astres sont le centre d'un monde et que le mouvement des graves d'un monde va vers le centre de ce monde, avec la précision suivante : « *La lune n'est pas entraînée vers la Terre par son poids car ce poids est repoussé et détruit par la force de rotation.* »

## 3. Antiquité tardive et moyen-âge : les théologiens philosophes

*Cette époque témoigne de l'apparition de penseurs chrétiens en Europe, la philosophie étant étroitement imbriquée avec la théologie, tandis que l'influence de penseurs au-delà de la Grèce et de Rome devient plus sensible, en particulier avec la philosophie orientale (Perse, Inde).*

**Claude Galien** (129-201), médecin et philosophe grec, inspiré d'Hippocrate et d'Aristote, s'est efforcé de bâtir une encyclopédie des sciences de son temps, en se plaçant au-dessus des écoles : « *Je qualifiais d'esclaves ceux qui se disent hippocratiques ou praxagoréens ou se réclament de quelque autorité, mais je choisissais ce qu'il y avait de bon dans chaque école.* » En médecine, il traite de l'anatomie (*De l'utilité des parties*), de la physiologie, de l'embryogénèse, de l'hygiène et de la pharmacologie. En philosophie, on lui doit notamment une *Introduction à la dialectique* et un traité *De la démonstration*. Pour expliquer l'embryogénèse, il recourt très souvent à des arguments mathématiques ou logiques, ayant lui-même reçu une éducation auprès de mathématiciens.

**Diogène Laërce** (IIIe siècle), poète grec et auteur de biographies de ses prédécesseurs, représente souvent l'unique source que nous ayons sur la vie et les doctrines de nombreux philosophes antiques, notamment Platon, Aristote, Épicure.

**Plotin** (205-270), philosophe grec, est le fondateur du « néoplatonisme ». Sa relecture des dialogues de Platon inspire la pensée chrétienne, en pleine formation à son époque. Il approfondit les réflexions de Platon et d'Aristote sur la nature de l'Intelligence, et son univers comprend trois réalités fondamentales : l'Un, l'Intelligence et l'Âme. L'Un engendre l'Intelligence, dans un mouvement qu'on appelle la « procession » ; puis l'Intelligence, elle-même sujette à la procession, engendre une réalité inférieure à elle, l'Âme ; enfin, l'Âme produit à son tour le monde sensible. Les traités de Plotin font un large usage de la métaphore et du mythe, afin de rendre accessible à la raison humaine quelque chose qui dépasse ses capacités.

**Augustin d'Hippone** ou Saint-Augustin (354-430) est considéré comme un platonicien chrétien (néoplatonicien). Son éducation est entièrement tournée vers la maîtrise de la parole et l'étude des classiques latins, notamment Cicéron. Pour lui, la pluralité et la diversité viennent de l'Un ou de Dieu dans un mouvement descendant. Le monde sensible est celui du privé, des choses qui passent, tandis que le monde intelligible, celui du public, est formé des réalités durables. Pour Augustin, l'intervention d'éléments non rationnels empêche la raison de tout régenter. Plus il lit les écritures, moins il met l'accent sur la raison, en privilégiant la foi qui guide la volonté, qui elle-même précède la réflexion raisonnée, qui va de façon rétrospective fournir une justification rationnelle.

**Proclos** ou Proclus (412-485), philosophe néoplatonicien, est l'auteur des *Éléments de théologie*, le premier traité de philosophie exposé selon la méthode euclidienne, à partir de théorèmes suivis de leur démonstration. Il utilise notamment la démonstration par l'absurde qui conclut à une hypothèse en éliminant toutes les autres. La méthode de Proclos consiste à construire une métaphysique à partir d'une classification des termes d'après leur généralité décroissante, en faisant de chaque terme général la cause de tous ceux qui en dépendent. Le monde est ainsi organisé en une hiérarchie de séries suivant leur degré de généralité ou de simplicité, en partant de l'Un, cause de toutes les choses, pour aller vers l'Être, puis la Vie. Selon le théorème fondamental du traité, les choses bonnes dépendent de la bonté, les choses éternelles de l'éternité.

**Pseudo-Denys l'Aréopagite** (vers 500) est l'auteur de traités chrétiens de théologie mystique. D'inspiration néoplatonicienne, il est influencé par les écrits de Proclos, auxquels il fait de larges emprunts, ainsi que par l'école chrétienne d'Alexandrie (Origène, Clément d'Alexandrie) et par Grégoire de Nysse. Il emprunte son nom à Denys l'Aréopagite, cité dans les Actes des Apôtres comme un philosophe athénien converti par Paul (Actes, 17:34). Mais l'auteur des œuvres mystiques attribuées à Denys l'Aréopagite ne peut pas avoir été cet Athénien du I$^{er}$ siècle, d'où l'attribution pseudépigraphique de ces traités mystiques rédigés au V$^e$ ou VI$^e$ siècle.

**Gaudapâda** (VI$^e$ ou VII$^e$ siècle), métaphysicien hindou, est le premier commentateur du Vedānta et défenseur de la doctrine de la non-dualité (*advaïta*). Dans ses commentaires de la Mandukya Upanishad, Gaudapâda montre que la non-dualité est soutenue par la raison. Il poursuit par un commentaire rationnel cherchant à prouver l'irréalité du monde phénoménal lequel se caractérise par la dualité et l'opposition ; celle-ci cesse lorsque la non-dualité est atteinte.

**Shankara** (700-750 ou 780-820, dates controversées) est considéré comme l'un des plus grands penseurs indiens. Philosophe, métaphysicien, réformateur, et commentateur le plus connu des textes liés au Vedānta et des Upanishad, il est surtout connu pour son enseignement du non-dualisme (*advaïta*), principe religieux à l'origine, qui peut être étendu comme principe philosophique, niant toute dualité, y compris entre Être et Non-Être.

**Avicenne** (980-1037), philosophe et médecin persan, est l'auteur d'une œuvre couvrant toute l'étendue du savoir de son époque : logique, linguistique, poésie ; physique, psychologie, médecine, chimie ; mathématiques, musique, astronomie ; morale et économie ; métaphysique ; mystique et commentaires de sourates du Coran. Il a traduit les œuvres d'Hippocrate et de Galien, et porté un soin particulier à l'étude d'Aristote.

**Anselme de Canterbury** (1033-1109), moine bénédictin devenu évêque de Canterbury, est considéré comme le fondateur de la scolastique. En tant que dialecticien, il cherche à concilier foi et raison. Sa synthèse entre théologie et philosophie peut être résumée dans cette citation : « *Je ne cherche pas à comprendre afin de croire, mais je crois afin de comprendre. Car je crois ceci — à moins que je ne croie, je ne comprendrai pas.* » Il utilise ainsi le raisonnement pour prouver l'existence de Dieu.

**Pierre Abélard** (1079-1142), théologien et philosophe, est un spécialiste du langage. Il propose une nouvelle forme de dialectique, science du langage qui étudie le sens des mots, un même mot pouvant avoir plusieurs sens. Chez lui, la dialectique s'apparente à la logique. Bien avant René Descartes, il pratique le doute méthodique : *« En doutant, nous nous mettons en recherche, et en cherchant nous trouvons la vérité. »* Il s'attaque au réalisme des universaux et réussit à dépasser les contradictions de ces deux doctrines dans un système : le « conceptualisme » (ou théorie non-réaliste du « statut »). Malgré une position proche du nominalisme, Abélard demeure tributaire de la théorie néoplatonicienne des idées divines : selon sa théorie, un homme particulier appartient à l'espèce « homme » car il tire son origine de l'idée d'homme qui réside dans la pensée divine. Il est possible à l'homme de parvenir à une certaine connaissance de cette idée, mais cette connaissance ne peut être que confuse étant données les limites du processus d'abstraction et celles de la raison humaine elle-même.

**Pierre Lombard** (vers 1100-1160), théologien scolastique d'origine italienne, est l'auteur d'une méthode basée sur les Questions/Discussions destinée aux Maîtres de l'Université, le *Livre des Sentences* (1152), où pour la première fois, dans l'enseignement universitaire, il est fait une distinction entre Écriture et Théologie. Pierre Lombard a influencé tous les grands penseurs médiévaux, d'Albert le Grand et Thomas d'Aquin à Guillaume d'Occam et Gabriel Biel.

**Averroes** (1126-1198), philosophe, théologien, médecin et mathématicien musulman andalou, est connu notamment pour ses commentaires de la *Physique* d'Aristote, qualifiée de « la science des étants naturels ». Il est aussi considéré comme l'un des fondateurs de la pensée laïque en Europe de l'Ouest.

**Albert le Grand** ou Albrecht von Bollstädt (1200-1280), aussi connu sous les noms d'Albert de Cologne ou Albertus Magnus, philosophe et théologien dominicain, naturaliste, chimiste et alchimiste allemand, est connu pour son enseignement des œuvres d'Aristote et des commentaires émis par Averroes. Le plus célèbre de ses disciples est Thomas d'Aquin. Conçus sur le modèle des traités d'Aristote, les traités d'Albert condensent les textes grecs et latins commentés et complétés par les Arabes (dans les domaines de l'astronomie, des mathématiques, de la médecine), auxquels il ajoute ses propres critiques et observations. Le fameux livre de magie populaire *Le Grand Albert* n'est pas de lui, mais il contient certains éléments de son enseignement.

**Roger Bacon** (1214-1294), philosophe proche d'Avicenne, savant et alchimiste anglais, est considéré comme l'un des pères de la méthode scientifique basée sur l'expérience : il ne s'agit pas seulement d'enregistrer des faits ou d'explorer empiriquement ; il ne s'agit pas davantage de produire des raisonnements, des arguments, à la façon d'Aristote. Pour Bacon, il faut pratiquer des tests, améliorer des savoirs opératoires, qui seront à la fois véridiques et utilisables.

**Robert Kilwardby** (1215-1279), étudiant puis professeur de grammaire et de logique à l'université de Paris, puis philosophe et théologien dominicain à l'université d'Oxford, est l'auteur de nombreux écrits, parmi lesquels *De ortu scientiarum*, *De tempore*, *De Universali*, et des commentaires sur Aristote. Il est considéré comme un « conservateur éclectique, tenant de la doctrine de tendances opposées », partisan de la « doctrine aristotélicienne de l'unité de la forme des êtres, y compris l'homme ». Adversaire de Thomas d'Aquin, il serait l'auteur, selon certaines sources, d'une *Summa Philosophiae* (« Somme philosophique »), une histoire et description des écoles philosophiques alors en vigueur.

**Thomas d'Aquin** (1224-1274), philosophe et docteur de l'église appartenant à l'ordre dominicain, est l'auteur de la *Summa theologica* ou *Summa theologiae* (« Somme théologique »), un traité théologique et philosophique en trois parties : l'explication des textes, les questions disputées et la prédication. Sa visée est de proposer aux étudiants en théologie, sous la forme d'un bref traité de structure dialectique, les connaissances utiles au salut. Pour Thomas d'Aquin, la connaissance intellectuelle est le fruit d'un processus cognitif d'abstraction qui conduit l'esprit de l'expérience sensible et matérielle à la connaissance immatérielle de l'intellect : *« Nihil est in intellectu quod non sit prius in sensu »* (« Rien n'est dans l'intelligence qui n'ait été d'abord dans les sens »). L'épistémologie thomiste relève davantage de la rencontre de la philosophie réaliste d'Aristote (dont il reprend la théorie des quatre causes) et de la conviction de foi dans l'origine divine et la bonté de la création matérielle, que du courant néoplatonicien. Pour Thomas d'Aquin, la réalité n'est pas en dehors de l'être humain, comme chez Platon, mais elle ne relève pas uniquement du sensible, comme dans le nominalisme qui suivra Thomas d'Aquin (par exemple chez Guillaume d'Occam).

**Raymond Lulle** (1232-1315), écrivain et philosophe, est le premier à avoir utilisé, outre le latin, des langues vernaculaires (catalan et arabe) pour exprimer des connaissances philosophiques, scientifiques et techniques. Dans son premier livre, il pratique la logique des savants arabes, leur symbologie et leur algèbre, utilisant explications et déductions de divers principes théologiques et philosophiques pour convaincre de la vérité chrétienne, tout en combattant le rationalisme représenté par Averroes. On lui doit une « machine logique » grâce à laquelle les théories, sujets et prédicats théologiques sont organisés en figures géométriques considérées comme parfaites ; en actionnant des cadrans, leviers, manivelles et en faisant tourner une roue, les propositions et les thèses se déplacent sur des guides pour se positionner en fonction de la nature positive (vraie) ou négative (fausse) qui leur correspond ; ce qui permet, d'après Lulle, de démontrer automatiquement la vérité ou la fausseté d'un postulat. Dans son ouvrage *Ars magna : compendiosa inventendi veritam* (« Le grand art : découverte concise de la vérité »), Lulle propose une méthode de recherche et de démonstration de la vérité, en vue de la conversion des infidèles. Dans *L'Arbre de ciència* (« L'Arbre de la science »), il recourt à l'analogie entre la science et l'arbre avec ses racines, son tronc, ses branches, ses feuilles et ses fruits : les racines figurent les principes de base de chaque science, le tronc sert de structure, les branches sont les genres, les feuilles sont les espèces et les fruits sont les individus, leurs actes et leurs buts.

**Jean Duns Scot** (1266 -1308), surnommé *Doctor subtilis* (« Docteur subtil »), est un théologien et philosophe écossais, membre de l'ordre franciscain et fondateur de l'école scolastique dite « scotiste ». Opposé à l'école thomiste (Thomas d'Aquin), il influence profondément Guillaume d'Occam. Il prône la doctrine de l'univocité (le concept d'étant se dit de la même manière pour tout ce qui est, y compris Dieu) et élabore une métaphysique de la singularité basée sur le concept d'individuation. Pour lui, les opérations de l'intellect sont « la conception universelle, l'analyse et la synthèse, le raisonnement. » S'il est philosophe et théologien, comme beaucoup de ses contemporains, il recourt parfois à l'une pour éclairer l'autre, mais c'est toutefois la philosophie qui domine son œuvre, jusque dans les questions touchant à la révélation : « *Non quaerenda ratio quorum non est ratio* » (« Il ne faut pas chercher la raison de ce dont il n'y a pas de raison »).

**Guillaume d'Occam** ou d'Ockham (1285-1347), dit le « Docteur invincible » et le « Vénérable initiateur » (*Venerabilis inceptor*), philosophe, logicien et théologien anglais, membre de l'ordre franciscain, est considéré comme le plus éminent représentant de l'école scolastique nominaliste (ou « terministe », selon la terminologie occamienne), principale concurrente des écoles thomiste et scotiste. Il est l'un des premiers à avoir fondé une philosophie du langage à partir de l'idée d'un discours mental ou *lingua mentalis*. Pour Occam, les Universaux (concepts universels et abstraits comme « humanité », « animal », « beauté »…) ne sont que des mots, des termes conventionnels, des représentations dont il récuse le réalisme, la réalité substantielle Il insiste surtout sur les faits et sur le type de raisonnement utilisé dans le discours rationnel, au détriment d'une spéculation métaphysique sur les essences. Son fameux principe, dit « rasoir d'Occam », stipulant qu'« il ne faut pas multiplier les entités sans nécessité » (« *entia non sunt multiplicanda praeter necessitatem* ») est un principe logique mais aussi ontologique, repris notamment par Quine au XX$^e$ siècle.

**Gabriel Biel** (vers 1420-1495), philosophe et théologien allemand, est l'auteur d'un important commentaire des *Sentences* de Pierre Lombard, où se révèle la double influence de Guillaume d'Occam (qu'il invoque comme son maître) et de Duns Scot. Nominaliste de tendance, il reste néanmoins tolérant à l'égard des réalistes et entretient de bonnes relations avec les humanistes. Par ses positions sur l'église catholique de son époque, il se montre le théologien de la transition, à la fois fidèle à l'aristotélisme scolastique (il est connu comme « le dernier des scolastiques ») et à l'écoute des nouvelles préoccupations qui seront celles de la Réforme et de la Contre-Réforme. Il est aussi à l'origine de considérations économiques sur la formation des prix, ce qui en fait un intellectuel en avance sur ses contemporains.

## 4. La Renaissance et les Temps modernes : le rationalisme scientifique

*La pensée, comme l'art et les sciences, connaît une mutation au moment du passage du XV<sup>e</sup> au XVI<sup>e</sup> siècle dans toute l'Europe, à commencer par l'Italie, ainsi que l'Angleterre. Cette nouvelle période est marquée par une séparation nette de la philosophie par rapport à la théologie, et par la naissance de l'humanisme : la raison prend son indépendance par rapport à la foi religieuse, le rationalisme commence à dépasser la pensée mythique ou magique, la connaissance est plus largement diffusée.*

**Marsile Ficin** ou Marsilio Ficino (1433-1499) est l'un des philosophes humanistes les plus influents de la Première Renaissance italienne. Il dirige l'Académie platonicienne de Florence, fondée par Cosme de Médicis en 1459, et a pour disciples et collègues de travail Jean Pic de la Mirandole, Ange Politien et Jérôme Benivieni. Il connaît Aristote, traduit et commente les œuvres de Platon et de Plotin, et est considéré comme le représentant majeur du néoplatonisme médicéen.

**Léonard de Vinci** ou Leonardo da Vinci (1452-1519) est fameux non seulement en tant qu'artiste et scientifique, peintre et ingénieur, mais également comme mathématicien. Son génie est fondé sur l'observation, l'expérience et la reconstruction. En tant que tel, il peut être considéré comme un théoricien et expérimentateur du raisonnement analogique. On trouve chez lui un besoin de rationaliser inconnu jusqu'alors chez les techniciens. Il a cherché à poser des problèmes en termes généraux et organise les phénomènes en séries cause-effet : « *Le fer se rouille, faute de s'en servir, l'eau stagnante perd de sa pureté et se glace par le froid. De même, l'inaction sape la vigueur de l'esprit.* »

**Jean Pic de la Mirandole** ou Giovanni Pico della Mirandola (1463-1494), philosophe et théologien humaniste italien, étudie et synthétise les principales doctrines philosophiques et religieuses connues à son époque, notamment le platonisme, l'aristotélisme, la scolastique et la kabbale chrétienne. Suivant une approche syncrétique, il se propose de faire le tour complet d'un sujet et de le considérer autant que possible sous plusieurs angles, afin de s'en faire une idée le plus conforme possible à la réalité. Dans les *Disputationes adversus astrologiam divinatricem*, ouvrage qui ne sera publié qu'après sa mort, il condamne sévèrement les pratiques des astrologues de son temps, et sape les fondements intellectuels de l'astrologie elle-même.

**Jérôme Cardan** ou Girolamo Cardano (1501-1576), mathématicien, philosophe, astrologue et médecin italien, joueur passionné, a imaginé une « théorie des jeux » bien avant Pascal ou John von Neumann. Par ailleurs, dans le cadre de la théorie des équations algébriques, il est l'auteur d'une méthode de résolution des équations polynomiales du troisième degré, connue sous le nom de « méthode de Cardan », qui implique d'introduire les nombres imaginaires (nombres complexes).

**John Dee** (1527-1608 ou 1609), mathématicien, astronome, astrologue, géographe et occultiste britannique, consacre une grande partie de sa vie à l'étude de l'alchimie, de la divination et de la philosophie hermétique. Chrétien, il est profondément influencé par les doctrines hermétiques platoniciennes et pythagoriciennes, pensant que les nombres sont à la base de toute chose et que les créations de Dieu sont des actes « chiffrés ». De l'étude de l'hermétisme, Dee conclut que l'homme a en lui un potentiel divin, lequel peut s'exercer à travers les mathématiques. Il considère la magie cabalistique (essentiellement basée sur la numérologie) et son travail sur les mathématiques appliquées (la navigation, par exemple) comme les aspects complémentaires d'une philosophie.

**Pierre Charron** (1541-1603), théologien, philosophe, orateur et moraliste, compose un *Traité de la Sagesse* ainsi que d'autres ouvrages concernant la religion, présentant un catholicisme orthodoxe, pour répondre aux attaques dont il est l'objet et où il défend la tolérance religieuse, ce qui le fait accuser d'athéisme. Il sépare la religion de la morale, laquelle s'appuie sur la nature, ouvrant ainsi l'espace d'une pensée laïque. Descartes s'inspirera de sa méthode du doute pour la rédaction du *Discours de la méthode*.

**Giordano Bruno** (1548-1600) est connu pour avoir soutenu la théorie de Copernic dans son dialogue cosmologique, *Le dîner de cendres*, et est considéré comme le précurseur de Galilée. Imprégné d'humanisme, d'auteurs classiques, il étudie la langue et la grammaire latine, découvre la mnémotechnique, art de la mémoire, et participe à des débats philosophiques entre platoniciens et aristotéliciens. Il est parfois considéré comme le pionnier de la physique moderne. Sa cosmologie est philosophique et non astronomique. Lors de son séjour en Angleterre, à partir de 1583, il a vraisemblablement des contacts avec des mouvements occultes et scientifiques comme l'« Aréopage », dont John Dee faisait aussi partie, mouvement analogue à l'Académie platonicienne de Marsilio Ficino à Florence.

**Francis Bacon** (1561-1626), fondateur du matérialisme anglais, insiste sur l'importance de l'expérience dans une démarche scientifique. Pour lui, la logique sert à élaborer une méthode scientifique qui indiquerait la voie juste de la vérité. A cette fin, il décrit une « logique de l'invention », grâce à laquelle le développement des sciences empruntera une voie juste, les découvertes et les inventions scientifiques ne seront plus le fait du hasard, mais s'effectueront de manière systématique, selon un plan déterminé et une méthode rigoureusement scientifique. Cette démarche est traitée dans le *Novum Organum scientiarum* (« Nouvel outil des sciences ») publié en 1620. Ce nouvel *Organum* répond à l'*Organon* d'Aristote. Bacon y oppose l'induction scientifique à la syllogistique aristotélicienne qu'il qualifie de théorie non scientifique ; il appelle à rompre avec les théories passées et à libérer l'esprit humain des « idoles » qui l'empêchent de voir la véritable nature des choses et entravent la connaissance de la vérité. Selon la méthode de Bacon, il faut d'abord établir les faits à l'aide d'observations et d'expériences, puis, à partir de la connaissance des faits, par l'induction, passer à la connaissance des lois générales qu'il appelle « axiomes ». Il fait un large usage de l'induction par élimination (*per rejectionem*), ce qui est à la base, en mathématiques, de la démonstration par l'absurde.

**René Descartes** (1596-1650), mathématicien, physicien et philosophe français, est considéré comme l'un des fondateurs de la philosophie moderne avec sa fameuse formule : « *Cogito ergo sum* » (« Je pense donc je suis »), qui donne toute sa place au sujet connaissant face au monde qu'il se représente. Dans le *Discours de la méthode* (1637), il prône une méthode pour parvenir à la recherche de la vérité, car la méthode est « la voie que l'esprit doit suivre pour atteindre la vérité. » En rupture avec la scolastique enseignée alors dans l'Université, il affirme que l'univers dans son ensemble (mis à part l'esprit qui est d'une autre nature que le corps) est susceptible d'une interprétation mathématique ; tous les phénomènes doivent pouvoir s'expliquer par des raisons mathématiques, c'est-à-dire par des figures et des mouvements conformément à des « lois ». La méthode de Descartes consiste à raisonner à partir des intuitions des principes, puis s'avancer dans la connaissance au moyen de la déduction, celle-ci consistant en une série d'intuitions enchaînées, mises en relation par un mouvement continu de la pensée, ce qui permet de ramener ce qui est inconnu aux principes, c'est-à-dire à ce qui est connu. Cette méthode ne prétend pas déduire *a priori* les phénomènes, mais c'est l'expérience des cas particuliers qui met la pensée en mouvement, et cette pensée déduit et trouve de nouvelles connaissances ; ce sont les causes prouvées par l'expérience qui expliquent l'expérience. Si la science est, pour Descartes, un système hypothético-déductif s'appuyant sur l'expérience, il estime possible de comprendre le monde physique par une théorie explicative complète prenant la forme d'une démonstration algébrique universelle.

**Marin Mersenne** (1588-1648), religieux, mathématicien et philosophe français, a une culture encyclopédique, ce qui en fait l'une des figures les plus marquantes parmi les érudits de son temps. Il partage avec Pierre Gassendi la même volonté de réfuter le scepticisme et le dogmatisme.

**Thomas Hobbes** (1588-1679), philosophe anglais, cherche à créer une nouvelle méthode scientifique qui permettrait à la science d'atteindre son but pratique. En cela, il se rapproche de Bacon et Descartes. Mais il s'oppose à ce dernier et à Aristote par sa conception du raisonnement, qui se rapproche plutôt de celle des stoïciens et des épicuriens. Pour Hobbes, les hommes de science « peuvent raisonner plus sûrement à l'aide de propositions hypothétiques qu'à l'aide des propositions catégoriques. » Il est l'auteur d'une théorie des noms (concepts, idées), des propositions (jugements), des raisonnements (syllogismes), de la vérité et de la fausseté, de la méthode scientifique. La pensée et le langage étant étroitement liés, il identifie les noms aux concepts et les propositions aux jugements.

**Pierre Gassendi** (1592-1655), mathématicien, philosophe, théologien et astronome français, s'oppose à Aristote et à Descartes : sa critique porte contre tous ceux qui prétendent avoir découvert quelque recette, innée, nécessaire et indubitable, relativement à la nature réelle des choses. Pour lui, tout le savoir provient de l'expérience sensible. À Descartes, il reproche à la fois les idées innées, et sa théorie des animaux machines. Proche de Hobbes et de Charron, il est en relation avec tous les grands astronomes de son temps et soutient Galilée : « *Tout d'abord, ami Galilée, je voudrais que vous soyez bien convaincu du plaisir de l'âme avec lequel j'embrasse votre opinion en astronomie, sur le système de Copernic. Les barrières d'un monde assurément vulgaire sont brisées. L'esprit libéré erre à travers l'immensité de l'espace. Peut-être conviendrait-il que vous publiiez votre travail. En le cachant vous feriez une grave injure aux lettres et à ceux qui s'adonnent aux sciences les plus divines...* » Professeur de mathématiques au Collège royal, Gassendi y enseigne l'atomisme d'Épicure et de Lucrèce, et publie avec Fermat un livre sur l'accélération des graves.

**Pierre de Fermat** (vers 1600-1665), mathématicien français, est surtout connu pour ses travaux en optique géométrique, mais aussi en algèbre et en théorie des nombres. Un des traits de caractères qu'il s'attribue est une certaine paresse intellectuelle : « *J'ay si peu de commodité d'escrire mes démonstrations, que je me contente d'avoir découvert la vérité et de sçavoir le moyen de la prouver, lorsque j'auray le loisir de le faire.* » Pourtant sa théorie des maxima et des minima sera essentielle pour l'optique, et sa méthode pour trouver les tangentes des lignes courbes deviendra le fondement du calcul différentiel, un pan très important des mathématiques. Il contribue, dans son échange épistolaire avec Blaise Pascal, à élaborer les bases du calcul des probabilités, une « mathématique du hasard » que provoque l'étude du problème des partis du chevalier de Méré.

**Baltasar Gracian** (1601-1658), écrivain et essayiste espagnol, est notamment l'auteur du *Criticon*, roman allégorique en trois parties, parsemé de touches philosophiques, mettant en scène deux personnages, Critilo, « l'homme critique », qui incarne la désillusion, et Andrénio, « l'homme naturel », qui représente l'innocence et les instincts primaires. Ils entreprennent ensemble un long voyage vers l'île de l'Immortalité, dont la route est semée d'embûches, mais qui les fera passer par Rome où ils vont découvrir une académie regroupant les hommes les plus ingénieux. Les discussions entre les deux personnages, dont les idées ou les points de vue divergent, illustrent ainsi la dialectique éristique, telle que l'entend Schopenhauer.

**Antoine Arnauld** (1612-1694), prêtre, théologien, philosophe et mathématicien français, et l'un des principaux chefs de file des jansénistes, s'attache à déceler les erreurs des philosophes (Aristote, Descartes, Leibniz, Malebranche), tout en leur préférant les thèses issues du bon sens. Il constate l'analogie entre le *cogito* cartésien et la certitude intérieure de la conscience de soi établie par Augustin. Il est l'auteur, entre autres, des *Vraies et des fausses idées*, d'une *Grammaire générale et raisonnée* (avec Claude Lancelot) et de *La logique, ou l'art de penser* (avec Pierre Nicole). Dans cet ouvrage, qui a pris le nom de *Grammaire générale et raisonnée contenant les fondemens de l'art de parler, expliqués d'une manière claire et naturelle*, il propose une théorie classique du signe et de la représentation, et traite du langage en général, dont il explique le fonctionnement à travers la raison. Selon cette conception, le langage exprime la pensée via les mots, qui sont les signes des pensées, tandis que les écrits sont les signes des mots. Antoine Arnaud se rattache à la « Logique de Port-Royal » qui doit son nom à l'abbaye de Port-Royal-des-Champs, haut-lieu du jansénisme, courant catholique auquel appartiennent aussi Pierre Nicole et Blaise Pascal, et qui a été la référence centrale dans les domaines de la philosophie du langage et de la logique jusqu'au milieu du XIX$^e$ siècle.

**Blaise Pascal** (1623-1662), mathématicien, physicien, philosophe et théologien français, est surtout connu pour son appartenance à la « Logique de Port-Royal », ainsi que pour ses travaux mathématiques. Il a notamment développé une méthode de résolution du « problème des partis » qui a donné naissance, au cours du XVIII$^e$ siècle, au calcul des probabilités et a fortement influencé les théories économiques modernes et les sciences sociales.

**Pierre Nicole** (1625-1695), théologien français, est considéré comme un des principaux auteurs jansénistes. Il est capable, à 14 ans, de lire dans le texte les ouvrages en grec et en latin. A 17 ans, il se rend à Paris pour étudier la philosophie, devient maître ès-Arts, puis suit des cours de théologie et étudie l'hébreu. Il est l'auteur, avec Antoine Arnauld, de *La logique, ou l'art de penser*.

**Baruch Spinoza** (1632-1677), philosophe néerlandais issu d'une famille juive portugaise, exclu de la communauté juive d'Amsterdam en 1656 pour cause d'hérésie et attaqué comme athée, s'intéresse notamment à Descartes et à la logique déductive qu'il applique à la philosophie et à la théologie. Son ouvrage principal, *Ethica Ordine Geometrico Demonstrata* (« Éthique »), écrit en latin comme toute son œuvre, suit une démarche *more geometrico* (« à la manière géométrique »), c'est-à-dire calquée sur le mode de la démonstration mathématique, dans laquelle des propositions, démonstrations, scolies et lemmes succèdent aux définitions, axiomes et postulats, selon des enchaînements logiques rigoureusement déduits de manière « constructive ». Ce choix résulte d'une véritable réflexion sur l'essence de la connaissance, selon laquelle il faut commencer par exposer l'idée de la connaissance en général, démarche que l'on retrouve dans son autre œuvre majeure, également écrite en latin, le *Tractatus de intellectus emendatione* (« Traité de la réforme de l'entendement »).

**John Locke** (1632-1704), philosophe anglais, considère, à l'instar de Descartes, que toutes nos connaissances sont faites d'idées, définies comme « tout objet que l'esprit aperçoit immédiatement », ou « quoi que ce puisse être qui occupe notre esprit lorsqu'il pense ». Pour lui, nos idées dérivent en réalité de l'expérience de nos sens et de notre réflexion. Son ouvrage principal, *Essai sur l'entendement humain* (1690), est composé de quatre livres : (1) la critique des idées innées, (2) la genèse des idées, (3) le langage et (4) l'étude de la possibilité et des limites de la connaissance humaine. Dans ce dernier livre, Locke classe les connaissances en trois catégories selon le degré de certitude : la connaissance intuitive, la connaissance démonstrative et la connaissance sensible. La première, donc l'intuition constitue le procédé de connaissance le plus certain, le plus clair et le plus précis ; à la différence de la connaissance intuitive immédiate, la connaissance démonstrative est un savoir médiatisé par une opération logique ; la connaissance sensible est la moins parfaite, bien qu'elle soit la source première et le fondement de notre savoir.

**Nicolas Malebranche** (1638-1715), philosophe et théologien français est considéré comme un cartésien. Dans ses œuvres, il cherche à synthétiser la pensée d'Augustin et de Descartes. Il est surtout connu pour ses doctrines de la Vision des idées en Dieu et de l'occasionnalisme qui lui permettent de démontrer le rôle actif de Dieu dans chaque aspect du monde ainsi que l'entière dépendance de l'âme vis-à-vis de Dieu. Pour Malebranche, le *cogito* cartésien est la preuve immédiate de l'existence de Dieu. Cet être est découvert par nous dans chacune de nos idées, lesquelles émanent de l'infini. En matière de religion, il donne priorité à la raison sur la Révélation.

**Isaac Newton** (1643-1727), philosophe, mathématicien, physicien, alchimiste, astronome et théologien anglais, oppose au cartésianisme sa méthode scientifique fondée sur l'expérience : celle-ci vise à confirmer des hypothèses (ou, mieux, à les établir) par l'expérience et l'expérimentation : « Je n'invente pas les hypothèses », affirme-t-il. Son approche marquera le XVIIIe siècle, et notamment l'Encyclopédie qui doit accepter que la connaissance soit lacunaire et que l'esprit ne puisse pas tout ordonner, mesurer et ranger, comme le soulignera D'Alembert.

**Gottfried Wilhelm Leibniz** (1646-1716), philosophe, mathématicien, physicien, juriste et historien allemand, cherche à appliquer le mode de raisonnement mathématique aussi largement que possible et peut, par conséquent, être considéré comme le père de la logique symbolique. Pour lui, l'idéal de la connaissance scientifique est la déduction pure : un concept peut être vrai même si son contenu n'a aucun analogue dans le monde extérieur ; pour qu'un concept soit possible ou vrai, il doit être dépourvu de contradictions intérieures et doit servir de point de départ et de source aux jugements signifiants. Il réhabilite la logique d'Aristote en l'unissant aux nouvelles théories développées par Descartes, Hobbes et d'autres représentants de la nouvelle science, débouchant ainsi sur « deux grands principes de nos raisonnements » : le principe de non-contradiction et le principe de raison suffisante. Dans la *Monadologie* (1714), Leibniz présente une vue d'ensemble de son système philosophique composé de 90 paragraphes en trois parties : les « monades » (les éléments du monde), où est exposé le « principe de raison suffisante » ; Dieu (la cause du monde) ; le monde créé (le monde lui-même, et son unité).

**Pierre Bayle** (1647-1706), philosophe et écrivain français, est l'auteur d'un *Dictionnaire historique et critique*, œuvre majeure qui préfigure *l'Encyclopédie*. Véritable labyrinthe, ce dictionnaire est composé d'articles emboîtés les uns dans les autres, enrichis de nombreuses notes et citations. Il réunit les opinions les plus paradoxales et les fortifie d'arguments nouveaux, sans toutefois les prendre à son propre compte. Sceptique, il pense que l'objectivité historique n'est pas la vérité et que l'erreur est toujours possible : elle est causée par les préventions, les préjugés de l'éducation et les passions. Par son souci de la tolérance, il fraie la voie à la philosophie du XVIIIe siècle et à Voltaire.

**Christian Wolff** (1679-1754), philosophe allemand, est l'un des plus grands représentants de l'*Aufklärung* (mouvement culturel, équivalent allemand du mouvement français des Lumières). Disciple de Leibniz, dont il expose le système sous une forme claire et cohérente, il compose une œuvre philosophique rédigée en latin et visant à coordonner les divers matériaux de la science : logique, ontologie, cosmologie, psychologie empirique et rationnelle, théologie naturelle, philosophie pratique universelle, droit naturel, éthique, politique, économie, droit des peuples, mathématiques et sciences physiques.

**George Berkeley** (1685-1753), évêque et philosophe anglais, est considéré comme idéaliste, c'est-à-dire opposé au matérialisme et au scepticisme. Sa méthode psychologique est la même que celle employée par Locke dans son étude de la genèse des idées. Il se dit lui-même « empirique » (seuls les objets de la perception ou les esprits qui les perçoivent sont réels, les mots n'étant que des signes qui renvoient directement à ces objets de la perception), « immatérialiste » (la matière n'est qu'une abstraction, seules les qualités sensibles des choses sont perçues) ou encore « spiritualiste » (il n'existe que des esprits et des idées perçues).

**Voltaire** (1694-1778), de son vrai nom François-Marie Arouet, écrivain et philosophe français, est une figure emblématique de la France des Lumières. Chef de file du parti philosophique et intellectuel engagé au service de la vérité et de la justice, il combat contre « l'Infâme », nom qu'il donne au fanatisme religieux, et pour la tolérance et la liberté de penser. Déiste en dehors des religions constituées, son objectif politique est celui d'une monarchie modérée et libérale. En matière philosophique, il enseigne à douter, car c'est par le doute que l'on apprend à penser. Son attachement à la liberté d'expression est illustré par la célèbre citation : « *Je ne suis pas d'accord avec ce que vous dites, mais je me battrai jusqu'à la mort pour que vous ayez le droit de le dire.* »

**Thomas Bayes** (1702-1761), mathématicien anglais et pasteur presbytérien, est connu pour ses développements de la théorie des probabilités. En particulier, il est l'auteur du théorème qui porte son nom, une loi importante des probabilités, très utilisée en classification automatique, et pour la méthode dite d'inférence bayésienne. Ses découvertes en probabilités ont été résumées dans son *Essay Towards Solving a Problem in the Doctrine of Chances* (« Essais sur la manière de résoudre un problème dans la doctrine des risques ») publié à titre posthume (1763) dans les comptes rendus de l'Académie royale de Londres (*the Philosophical Transactions of the Royal Society of London*).

**Émilie du Châtelet** (1706-1749), mathématicienne et physicienne française, est considérée comme l'une des premières femmes scientifiques d'influence dont on ait conservé les écrits. Elle étudie Leibniz et se concerte avec de nombreux scientifiques comme Clairaut, Maupertuis, König, Bernoulli, Euler, Réaumur. Elle est l'auteur de la traduction française des *Principia Mathematica* de Newton, sous l'impulsion de Voltaire. Celui-ci l'aide aussi à prendre conscience de la liberté de penser par elle-même dont elle dispose.

**Leonhard Euler** (1707-1783), mathématicien et physicien suisse, qui a surtout vécu en Allemagne et en Russie, s'est aussi distingué comme philosophe et théologien. Il s'intéresse à la résolution de problèmes réputés difficiles, insistant sur le fait que la connaissance est fondée en partie sur la base de lois quantitatives précises. En mathématiques, on lui doit la notation trigonométrique, l'emploi de la lettre $e$ pour désigner la fonction exponentielle, de la lettre $i$ pour l'unité imaginaire, et de la lettre $\pi$ pour le calcul de la circonférence ou de l'aire d'un cercle. Chargé d'enseignement auprès de la princesse d'Anhalt-Dessau, la nièce de Frédéric II, Euler lui écrit plus de 200 lettres, rassemblées dans un volume intitulé *Lettres à une princesse d'Allemagne sur divers sujets de physique et de philosophie*.

**Thomas Reid** (1710-1796), philosophe écossais, enseignant à Aberdeen puis à Glasgow, est l'auteur de la *Recherche sur l'entendement humain d'après les principes du sens commun* (1764). Selon lui, le *sensus communis* (« sens commun »), terme qu'il emprunte à Cicéron, via la Scolastique et Thomas d'Aquin, devrait être à la base de toute recherche philosophique. Il prône le réalisme direct, ou réalisme du bon sens, s'opposant en cela aux idées de Locke et de Descartes, ainsi qu'à presque tous les philosophes modernes postérieurs. Concernant le témoignage comme source de connaissance, il soutient, contrairement à Hume, qu'il n'est pas réductible à d'autres formes de connaissance.

**Mikhaïl Vassilievitch Lomonossov** (1711-1765), chimiste et physicien russe, est considéré comme le fondateur de la pensée matérialiste russe. Il attribue une importance particulière à la logique, parmi les disciplines philosophiques, en support au discours scientifique : seul ce qui est démontré peut être considéré comme une vérité scientifique ; le savant doit savoir démontrer, donner une explication des phénomènes étudiés, ce qui implique la connaissance de la philosophie. Lomonossov affirme que la mission du raisonnement est d'inventer des arguments. Les démonstrations, selon lui, se composent d'un ou plusieurs syllogismes liés entre eux, le syllogisme étant formé de trois jugements (ou propositions) dont les deux premiers sont les prémisses et le troisième est la conséquence (ou conclusion) ; le terme moyen du syllogisme renferme l'indication de la cause de ce qui est affirmé ou nié dans la conclusion. Dans la lignée d'Aristote et de Descartes, Lomonossov admet deux lois fondamentales de la pensée, qu'il appelle « axiomes philosophiques » : (1) une seule et même chose ne peut à la fois être et ne pas être (principe de non-contradiction) ; (2) rien ne se produit sans raison (principe de raison suffisante). Il est aussi l'auteur de la première grammaire russe, dans laquelle le jugement est décrit comme composé de trois parties : le sujet (ce à quoi l'on pense), le prédicat (ce que nous pensons à propos du sujet), et la copule qui unit le sujet au prédicat.

**David Hume** (1711-1776), philosophe écossais, est influencé par Locke (dont il prend pour acquise la réfutation des idées innées de Descartes et de Leibniz), Berkeley (dont il reprend certaines considérations sceptiques), Bayle et Malebranche, mais c'est surtout à Newton qu'il emprunte sa méthode d'analyse. Pour Hume, comme pour Newton, la science expérimentale est principalement inductive et doit se limiter à la découverte de lois, de relations constantes. Notre raison ne peut pénétrer la nature ultime ou l'essence de ces lois ; en revanche, elle peut tenter de les dégager des faits, par l'examen de ceux-ci. Hume soutient que seuls l'espace et le temps nous sont donnés, tandis que les relations reposent principalement sur les dispositions cognitives d'un sujet connaissant ; la connaissance du monde objectif est impossible. La critique de l'idée de causalité, au centre de la philosophie de Hume, le conduit à une négation de la science ; en revanche, il affirme l'évidence des mathématiques, qui ne dépendent nullement de l'existence d'objets observables, mais sont fondées sur l'intuition et la démonstration.

**Denis Diderot** (1713-1784), écrivain et philosophe français, est connu pour sa collaboration à l'Encyclopédie dont il supervise la rédaction. Les premiers mots de ses *Pensées sur l'interprétation de la nature* caractérisent sa philosophie qui propose matière à un raisonnement autonome du lecteur plutôt qu'un système complet, fermé et rigide : *« Jeune homme, prends et lis. Si tu peux aller jusqu'à la fin de cet ouvrage, tu ne seras pas incapable d'en entendre un meilleur. Comme je me suis moins proposé de t'instruire que de t'exercer, il m'importe peu que tu adoptes mes idées ou que tu les rejettes, pourvu qu'elles emploient toute ton attention. Un plus habile t'apprendra à connaître les forces de la nature ; il me suffira de t'avoir fait essayer les tiennes. »* Il attache beaucoup d'importance à la compréhension des phénomènes naturels, mais c'est surtout une incitation à la réflexion qui se dégage de son œuvre. Cette démarche, volontaire, se retrouve dans la forme de dialogue qu'il donne à ses œuvres principales.

**Jean Le Rond D'Alembert** (1717-1783), mathématicien et philosophe français, est connu pour avoir dirigé l'Encyclopédie avec Diderot. Il doit son nom à la chapelle Saint-Jean-le-Rond (attenant à la tour nord de Notre-Dame de Paris), sur l'escalier de laquelle il a été abandonné à sa naissance. Il est l'auteur du *Discours préliminaire de l'Encyclopédie*, inspiré de la philosophie empiriste de John Locke et publié en tête du premier volume (1751), texte qui est souvent considéré comme un véritable manifeste de la philosophie des Lumières. D'Alembert y affirme l'existence d'un lien direct entre le progrès des connaissances et le progrès social. Pour lui, *« la philosophie n'est autre chose que* *l'application de la raison aux différents objets sur lesquels elle peut s'exercer.* »

**Horace Walpole** (1717-1797), écrivain anglais, auteur de roman gothique, est à l'origine du concept de « sérendipité » (*serendipity*) désignant des « découvertes inattendues, faites par accident et par sagacité », et par « sagacité accidentelle ». Il forge ce terme à partir d'un conte d'origine persane intitulé *Voyages et aventures des trois princes de Serendip*, dans lequel les héros, tels des chasseurs, utilisent des indices pour décrire quelque chose qu'ils n'ont pas vu.

**Immanuel Kant** (1724-1804), philosophe allemand, est connu pour ses écrits, notamment la *Critique de la raison pure* qui a pour but de répondre à la question « Que puis-je savoir ? ». Pour lui, la philosophie ne tente pas de connaître un objet particulier, comme la nature pour la physique ou le vivant pour la biologie, mais de limiter et de déterminer la portée de nos facultés cognitives, c'est-à-dire la raison en langage kantien. Il s'agit, en réaction à Hume, de refonder la métaphysique sur des bases solides, et d'en faire une science rigoureuse, à l'instar de la révolution copernicienne. Le terme de critique renvoie étymologiquement au grec κρινειν (*krinein*), qui signifie juger une affaire (au sens juridique). Le jugement est la forme première de la pensée ; le raisonnement ne sert qu'à construire les jugements ; les concepts précis et complets ne se forment que sur la base des jugements et raisonnements, c'est pourquoi la théorie du concept est l'aboutissement de son système de logique. En amont de tout jugement, Kant suppose l'existence de « formes *a priori* de l'intuition sensible », dont font partie l'espace et le temps. Chez Kant comme chez Platon, la connaissance *a priori* est placée au-dessus de la connaissance empirique, elle s'en distingue par son universalité et sa nécessité. La raison permet de connaître des objets situés au-delà de l'expérience, appelés par Kant « noumènes » (par contraste avec les phénomènes).

**Pierre-Simon de Laplace** (1749-1827), mathématicien, astronome et physicien français, est l'un des scientifiques les plus influents de son temps. Connu pour son affirmation du déterminisme symbolisé par le fameux « démon de Laplace », il a pour objectifs d'accroître la connaissance et d'aider l'humanité à améliorer sa compréhension scientifique du monde : « *Nous devons donc envisager l'état présent de* *l'univers comme l'effet de son état antérieur et comme la cause de celui qui va suivre. Une intelligence qui, à un instant donné, connaîtrait toutes les forces dont la nature est animée, la position respective des êtres qui la composent, si d'ailleurs elle était assez vaste pour soumettre ces données à l'analyse, embrasserait dans la même formule les mouvements des plus grands corps de l'univers, et ceux du plus léger atome. Rien ne serait incertain pour elle, et l'avenir comme le passé seraient présents à ses yeux. »*

**Dugald Stewart** (1753-1828), philosophe écossais, fils de mathématicien et élève de Thomas Reid, remplace le « sens commun » de ce dernier par « les lois fondamentales de la croyance humaine ». Il est surtout réputé pour ses théories esthétiques.

**Georg Wilhelm Friedrich Hegel** (1770-1831), philosophe idéaliste allemand, présente sa philosophie sous la forme d'un système de tous les savoirs suivant une logique dialectique, c'est-à-dire comme une *Phénoménologie de l'esprit* puis comme une *Encyclopédie des sciences philosophiques*, titres de deux de ses ouvrages. Ce système englobe l'ensemble des domaines philosophiques, dont la métaphysique et l'ontologie, la philosophie de l'art et de la religion, la philosophie de la nature, la philosophie de l'histoire, la philosophie morale et politique ou la philosophie du droit. Dans son étude de la dialectique, habituellement identifiée au syllogisme et ses trois « moments » – thèse, antithèse, synthèse ou position, opposition, composition –, il montre que le moment négatif se divise en deux : opposition extérieure et division intérieure, ou médiatisé et médiatisant, d'où découlent quatre « moments ». Il va même jusqu'à cinq « moments » : (1) position, (2) opposition extérieure, (3) unité spatiale des opposés, (4) division intérieure de l'unité, (5) compréhension de l'identité temporelle et de lieu de soi dans l'être-autre (totalité sujet-objet). Son œuvre capitale, l'*Encyclopédie des sciences philosophiques*, est composée de trois parties : (1) la science de la logique, science de l'Idée en soi et pour soi dans l'élément abstrait de la pensée ; (2) la philosophie de la nature, science de l'Idée dans ce qui constitue son devenir autre ; (3) la philosophie de l'esprit, science de l'Idée retournant à soi.

**Charles Babbage** (1771-1871), mathématicien et logicien anglais, considéré comme l'un des principaux précurseurs de l'informatique, est le premier à énoncer le principe d'un ordinateur. Il est l'auteur d'une machine analytique destinée au calcul et a l'idée d'y incorporer des cartes du métier Jacquard, cartes perforées dont la lecture séquentielle donnerait des instructions et des données à sa machine.

**Friedrich Wilhelm Joseph von Schelling** (1775-1854), idéaliste allemand, a consacré sa vie intellectuelle à la quête d'un système qui réconcilierait la Nature et l'Esprit, les deux versants (inconscient et conscient) de l'Absolu. Son parcours philosophique est une « odyssée intellectuelle », où parfois les philosophies se complètent : *« La philosophie de la Nature traite de la Nature comme le philosophe transcendantal traite le Moi »*, et parfois elles se succèdent ou s'emboîtent (la philosophie de la Révélation est une partie de la philosophie positive).

**Arthur Schopenhauer** (1788-1860), philosophe allemand, se réfère à Platon et se place en unique héritier légitime de Kant. De Platon, il emprunte l'art de la discussion, développé dans son ouvrage *Eristische Dialektik* (« La Dialectique éristique »). Il s'inspire également des textes sacrés indiens (dont le Vedanta) que l'Europe vient de découvrir grâce aux traductions d'Anquetil-Duperron. Sa thèse de doctorat, publiée en 1813, *Über die vierfache Wurzel des Satzes vom zureichenden Grunde* (« De la quadruple racine du principe de raison suffisante ») fait référence à Leibniz, Thomas d'Aquin et Aristote. Ces quatre racines sont : (1) *Principium rationis sufficientis fiendi* (« principe de raison du devenir ») qui relève de l'entendement (nécessité physique) ; (2) *Principium rationis sufficientis cognoscendi* (« principe de raison suffisante de connaissance ») qui relève de la raison (nécessité logique) ; (3) *Principium rationis sufficientis essendi* (« principe de raison d'être ») qui relève de la sensibilité pure (nécessité mathématique) ; (4) *Principium rationis sufficientis agendi* (« principe de la loi de motivation ») qui relève du vouloir (nécessité morale). Pour Schopenhauer, le monde est à envisager, d'abord, comme étant une représentation (*Vorstellung*, « ce qui se présente devant »), ce qui suppose une distinction entre un « sujet » et un « objet » : le sujet est ce qui connaît et qui, par ce fait ou pour cette raison même, ne peut lui-même être connu. La connaissance de la représentation passe, dans cette théorie, exclusivement par la sensibilité, dans le temps et l'espace, et cette connaissance est construite par l'entendement qui nous apprend à rapporter chaque effet à une cause. Par l'usage de la raison, l'homme parvient à constituer une science, c'est-à-dire un système organisé de concepts qu'il est possible de communiquer par le langage. Mais la raison humaine n'a pas pour autant la supériorité absolue sur l'intuition sensible.

## 5. Époque contemporaine

*Nous faisons débuter l'époque contemporaine avec des logiciens nés au début du XIX$^e$ siècle, dans la mesure où le XX$^e$ et le XXI$^e$ siècles en sont des héritiers directs. C'est pourquoi nous avons rapprochés ceux-là des contemporains. Cette époque regroupe, à quelques exceptions près, des logiciens plutôt mathématiciens et d'autres plutôt théoriciens du langage. Les premiers ont principalement développé la logique formelle, dont la naissance coïncide à peu près avec l'invention des mathématiques modernes.*

*Plus généralement, il apparaît que ce sont principalement des scientifiques (dont des mathématiciens) qui s'emparent de la logique. Une partie de ces philosophes et logiciens sont réunis dans le Cercle de Vienne, dont les principaux membres sont : Ludwig Wittgenstein, Bertrand Russell, George Edward Moore, David Hilbert, Henri Poincaré, Gottlob Frege, Moritz Schlick, Hans Hahn, Kurt Gödel, Rudolf Carnap, Otto Neurath, Alfred Tarski, Stefan Banach…*

**Auguste De Morgan** (1806-1871), mathématicien et logicien britannique, né en Inde, est le fondateur avec Boole de la logique moderne. Les lois qui portent son nom sont des identités entre propositions logiques. Il explique que la notion de paradoxe résulte de la comparaison avec la connaissance établie (acceptée par les autorités).

**John Stuart Mill** (1806-1873), philosophe anglais, se situe entre l'école classique et la philosophie nouvelle, entre l'empirisme du XVII$^e$ siècle et la logique contemporaine (utilitarisme, empirisme, phénoménologie). Outre ses travaux en économie et politique, il développe un *Système de logique déductive et inductive*, où la logique est définie comme science des opérations mentales à la recherche du vrai, et où il propose une nouvelle théorie des sophismes, des noms propres, de la référence, de la déduction et surtout de l'induction, qu'il considère comme le seul vrai raisonnement. Il énonce cinq méthodes d'induction scientifique : (1) ressemblance unique ; (2) différence unique ; (3) combinaison de ressemblance et de différence ; (4) changements concomitants ; (5)

restes. Il s'attaque aussi aux difficultés soulevées par la pluralité des causes d'un phénomène donné.

**Augusta Ada Lovelace** (1815-1852), logicienne britannique, fille du poète Byron et de la mathématicienne Annabella Milbanke, est principalement connue pour avoir traduit et annoté une description de la machine analytique de Charles Babbage. Dans ses notes, se trouve le premier algorithme publié, destiné à être exécuté par une machine, ce qui fait d'Ada Lovelace « le premier programmeur du monde ». En outre, elle entrevoit et décrit certaines possibilités offertes par les calculateurs universels, bien au-delà du calcul numérique et de ce qu'imaginent Babbage et ses contemporains.

**George Boole** (1815-1864), logicien, mathématicien et philosophe britannique, est l'auteur de l'algèbre qui porte son nom. Le calcul booléen est basé sur deux éléments, 0 et 1, et deux lois de composition interne. En établissant la correspondance 0 = faux, 1 = vrai, et pour les lois de composition les conjonctions OU et ET, il rapproche logique et mathématiques.

**Richard Dedekind** (1831-1916), mathématicien allemand, pionnier de l'axiomatisation de l'arithmétique, propose une définition axiomatique de l'ensemble des nombres entiers et des nombres rationnels, ainsi qu'une construction rigoureuse des nombres réels à partir des rationnels. Il est parmi les premiers à comprendre la portée des travaux de Cantor sur la théorie des ensembles infinis.

**Lewis Carroll** (1832-1898), de son vrai nom Charles Lutwidge Dodgson, logicien et mathématicien britannique, est aussi connu comme romancier, essayiste et photographe. Il publie sous son vrai nom des ouvrages d'algèbre et de logique mathématique, ainsi que des recueils d'énigmes et jeux verbaux. Sous son pseudonyme, il est l'auteur célèbre d'œuvres de fiction, *Alice au pays des merveilles* et *De l'autre côté du miroir*, où il expérimente, en quelque sorte, ses développements logiques. Le renversement constitue l'un des thèmes dominants de ce dernier roman.

**Charles Sanders Peirce** (1839-1914), logicien, sémiologue et philosophe américain, est l'un des fondateurs du pragmatisme qu'il conçoit comme une méthode pour la clarification d'idées s'appuyant sur l'utilisation de méthodes scientifiques pour résoudre des problèmes philosophiques. Il est considéré, avec Frege, comme l'un des pionniers de la logique des relations. Il est aussi l'inventeur d'une logique graphique, consistant à poser des règles qui, même si elles alourdissent la construction du graphique, facilitent l'inférence.

**Ernst Schröder** (1841-1902), mathématicien allemand, développe la logique et l'algèbre de Boole, et participe à l'élaboration de la logique mathématique en tant que discipline autonome, en systématisant les divers systèmes de logique formelle de son époque. Son objectif est de *« faire de la logique un calcul pour permettre de manier les concepts en jeu avec précision, puis, en l'émancipant des chaînes routinières de la langue naturelle, débarrasser également de ses 'clichés' tous les domaines fertiles de la philosophie. Ceci doit préparer la voie à une langue scientifique universelle qui se distinguerait du tout au tout d'une langue universelle comme le Volapük, mais ressemblerait plutôt à un langage de signes qu'à un langage de sons. »*

**William James** (1842-1910), philosophe américain, frère aîné du romancier Henry James et disciple de Swedenborg, soutient que l'établissement de la vérité est utile à l'homme, car elle lui permet d'agir adéquatement sur la réalité, de s'adapter à elle et, en échange, de pouvoir la modifier. Pour James, il n'existe pas de loi une et éternelle dans l'absolu, mais seulement des objets indifférents ou détachés les uns des autres, que notre esprit, intéressé par leur utilisation, réunit par des idées qui, dans la réalité, leur permet de fonctionner ensemble.

**Friedrich Nietzsche** (1844-1900), philosophe, écrivain et poète allemand, est l'auteur d'une œuvre essentiellement critique à l'égard de la culture occidentale moderne et de l'ensemble de ses valeurs morales, politiques (la démocratie, l'égalitarisme), philosophiques (le platonisme et toutes les formes de dualisme métaphysique) et religieuses (le christianisme). Selon lui, le monde est un ensemble de volontés de puissance, ce qui exclut toute recherche d'un inconditionné derrière le monde, et de cause derrière les êtres. Nietzsche s'en tient à un strict sensualisme et son interprétation, la réalité s'identifiant à l'apparence :

« *Je ne pose donc pas "l'apparence" en opposition à la "réalité", au contraire, je considère que l'apparence, c'est la réalité.* »

**Georg Cantor** (1845-1918), mathématicien allemand né à Saint-Pétersbourg, conçoit la théorie des ensembles à partir de 1874 et mène des recherches sur l'infini. Il met en évidence l'isomorphisme entre l'algèbre de Boole et l'algèbre des ensembles munis des lois d'union et d'intersection ensemblistes.

**Gottlob Frege** (1848-1925), mathématicien et logicien allemand, développe une méthode de formalisation de la pensée et une notation qui sera généralement utilisée par les logiciens après lui ; ce langage formel vise à pallier les insuffisances et les ambiguïtés de la langue naturelle. A ce titre, il peut être considéré comme le père du calcul propositionnel moderne, du calcul des prédicats et des symboles logiques. Depuis Frege, la logique est devenue une discipline mathématique.

**Henri Poincaré** (1854-1912), mathématicien, physicien, philosophe et ingénieur français, est considéré comme un des derniers grands savants universels, du fait de ses recherches dans des domaines transversaux (physique, optique, astronomie…) et de son attitude scientifique fondée sur une esthétique de la science et du nombre, à rapprocher de celle des anciens Grecs. Avec *La Science et l'Hypothèse*, il intéresse le monde artistique et donne des clés de compréhension aux géométries non euclidiennes.

**Andreï Andreïevitch Markov** (1856-1922), mathématicien russe, est connu pour ses travaux sur la théorie des probabilités, qui l'ont amené à mettre au point les fameuses chaînes de Markov, à l'origine de la théorie du calcul stochastique. Il est le père du mathématicien soviétique Andreï Andreïevitch Markov (1903-1978).

**Giuseppe Peano** (1858-1932), mathématicien et linguiste italien, est le pionnier de l'approche formaliste des mathématiques, dont il développe, parallèlement à l'allemand Dedekind, une axiomatisation de l'arithmétique. Il est par ailleurs l'inventeur d'une langue auxiliaire internationale le *Latino sine flexione*.

**Edmund Husserl** (1859-1938), mathématicien, philosophe et logicien allemand, est le fondateur de la phénoménologie. Frappé par les rapports entre logique et mathématique, il étudie leur fondement commun et, à la manière de Descartes dont il revendique le projet, il cherche à refonder la totalité des sciences à partir d'une expérience indubitable (ou apodictique).

**Samuel Alexander** (1859-1938), philosophe britannique, est l'un des pionniers du courant philosophique de l'émergence. Il défend l'idée d'élan créateur capable de faire surgir une hiérarchie de qualités en devenir. Son courant a notablement influencé Russell et Whitehead.

**Henri Bergson** (1859-1941), philosophe français, a mené une réflexion sur le raisonnement dans différents ouvrages, à commencer par ses différentes conférences lors des congrès internationaux de philosophie : *Sur les origines psychologiques de notre croyance à la loi de causalité* (Paris, 1900) ; *Le Paralogisme psycho-physiologique* renommé *Le Cerveau et la pensée : une illusion philosophique* (Genève, 1904) ; *L'Intuition philosophique* (Bologne, 1911). Sa pensée est largement influencée par Spinoza et par Kant, ce dernier se trouvant être la plupart du temps son « adversaire ». Il applique une logique rigoureuse dans son *Essai sur les données immédiates de la conscience*, où il confronte théorie scientifique et réalité psychique. Il distingue l'intelligence (ou l'analyse) de l'intuition : *« L'analyse opère sur l'immobile alors que l'intuition se place dans la mobilité ou, ce qui revient au même, dans la durée. Là est la ligne de démarcation bien nette entre l'intuition et l'analyse. »*

**D'Arcy Thompson** (1860-1948), ou D'Arcy Wentworth Thomson, biologiste et mathématicien écossais, est considéré comme le premier biomathématicien. Avant Alan Turing et René Thom, on lui doit l'idée de fonder la théorie de l'évolution sur la « morphogénèse ». Dans son ouvrage fondamental, *On Growth and Form* (« Forme et croissance », 1917), il montre notamment qu'on peut passer d'une forme d'une espèce à la forme d'une espèce proche par certaines transformations géométriques. Il n'essaie pas d'établir une relation causale entre les formes ayant une origine physique et les formes analogues observées en biologie, mais se situe plutôt dans une tradition descriptive.

**Alfred North Whitehead** (1861-1947), mathématicien et philosophe britannique, propose, dans son premier grand ouvrage mathématique, *A Treatise on Universal Algebra,* de retrouver une base unitaire de l'algèbre, comme Hilbert l'a fait pour les différentes géométries. Après les mathématiques, il s'oriente vers une métaphysique dans laquelle l'idée de processus tient une place prépondérante, même si le monde implique aussi la permanence que l'on retrouve dans les objets, qu'ils soient sensibles ou éternels. En philosophie, il retrouve l'esprit de Spinoza ou de Leibniz.

**David Hilbert** (1862-1943), mathématicien allemand, est l'un des fondateurs de la théorie de la démonstration de la logique mathématique. Il a exposé au Congrès international des mathématiciens sa fameuse liste de « 23 problèmes pour les mathématiques du $XX^e$ siècle ». Parmi ceux-ci figure la question de savoir si l'hypothèse du continu est vraie ou fausse. Il décrit l'arithmétique transfinie de Cantor comme « le produit le plus étonnant de la pensée mathématique, et une des plus belles réalisations de l'activité humaine dans le domaine de l'intelligence pure. » Dans son ouvrage *Les fondements de la géométrie*, il présente les bases unitaires des différentes géométries.

**Léon Brunschvicg** (1869-1944), philosophe français idéaliste de tendance platonicienne, expose la théorie du jugement : c'est le jugement qui, dans la réflexion scientifique, constitue le cœur de la philosophie réflexive ; la genèse de l'esprit, c'est le progrès du savoir sous la forme des sciences, d'où une réflexion couvrant les sciences (mathématiques, physique, biologie) et l'Esprit.

**Walter Bradford Cannon** (1871-1945), physiologiste américain, est à l'origine du principe de double contrainte et de l'application de la sérendipité à la biologie et à la physiologie. Il a mis en évidence le concept d'homéostasie, une des clés de la cybernétique, développée par Norbert Wiener.

**Ernst Zermelo** (1871-1953), mathématicien allemand, spécialiste de la théorie des ensembles, apporte une solution au premier problème de Hilbert en 1904, en prouvant, à l'aide de l'axiome du choix, que tout ensemble peut être bien ordonné. Il travaille à l'axiomatisation de la théorie des ensembles, pour aboutir à un système final, composé de dix axiomes, appelés axiomes de Zermelo-Fraenkel (ZF). Il est aussi connu pour le paradoxe qui porte son nom : il est impossible de savoir quand un jeu de cartes battu repassera par un état ordonné.

**Emile Borel** (1871-1956), mathématicien français, spécialiste de la théorie des fonctions et des probabilités, réfute le préjugé consistant à croire irrationnel de prendre un billet de loterie : l'achat du billet ne change pas réellement l'existence de celui qui le prend, explique-t-il, tandis que s'il gagne – bien qu'il ait très peu de chance que cela se produise – sa vie en sera changée du tout au tout. Il ne s'agit au fond que d'une sorte d'adaptation du pari de Pascal, en insistant sur le fait que l'utilité d'un aléa ne se confond pas en général avec son espérance mathématique. Il montre ensuite qu'il est tout aussi rationnel de payer pour acheter du risque (cas du billet de loterie) que de payer pour l'éviter (cas de l'assurance).

**Bertrand Russell** (1872-1970), mathématicien et philosophe britannique, est, avec Frege, l'un des fondateurs de la logique contemporaine. Dans son ouvrage majeur, écrit avec Whitehead et intitulé *Principia Mathematica* (1903), il procède à une axiomatisation et une formalisation de la logique des propositions et des prédicats, et en dérive les objets et propositions des mathématiques. Il propose, par ailleurs, d'appliquer l'analyse logique aux problèmes traditionnels, tels que l'analyse de l'esprit, de la matière, de la connaissance ou encore de l'existence du monde extérieur, ce qui en fait le père de la philosophie analytique. Ses contributions en logique comprennent essentiellement le développement du calcul des prédicats de premier ordre, la défense du logicisme et le paradoxe qui porte son nom.

**George Edward Moore** (1873-1956), philosophe anglais, est l'un des fondateurs de la philosophie analytique. Il est connu en raison de son parti pris pour le sophisme naturaliste, de son enthousiasme pour le sens commun dans la méthode philosophique, et pour le paradoxe de Moore, consistant en une phrase du type « I*t's raining outside but I don't believe that it is* » (« il pleut dehors, mais je ne crois pas qu'il pleuve »).

**Hans Hahn** (1879-1934), mathématicien et philosophe autrichien, apporte de nombreuses contributions à l'analyse fonctionnelle, à la topologie, à la théorie des ensembles, au calcul des variations et à la théorie des ordres. Vers la fin de sa vie, il publie des articles de philosophie consacrés aux problèmes épistémologiques posés par les sciences naturelles.

**Moritz Schlick** (1882-1936) philosophe allemand, physicien de formation sous la direction de Max Planck, examine la question suivante : Comment est-il possible d'exprimer linguistiquement des connaissances ? Pour lui, les langages qui sont utilisés dans les sciences sont conçus pour rendre possible la construction d'expressions dépourvues d'ambiguïtés, en sorte qu'elles puissent être dites vraies ou fausses. *« Le but de la connaissance est de nous orienter parmi les objets et de prédire leur comportement. On y parvient en découvrant leur ordre et en assignant à chacun d'eux sa place au sein de la structure du monde. [...] Connaître, c'est exprimer. Il n'y a aucune connaissance inexprimable. »* Par ailleurs, Schlick est l'un des fondateurs du positivisme logique et du Cercle de Vienne, et l'un des premiers philosophes « analytiques ».

**Otto Neurath** (1882-1945), philosophe, sociologue et économiste autrichien, est l'un des rédacteurs en 1929 du texte *La Conception scientifique du monde* plus connu sous le nom de Manifeste du Cercle de Vienne. Il cherche à réaliser une « Encyclopédie des Sciences Unifiées ». Partant du constat que le domaine de la « recherche empirique a longtemps été en opposition radicale avec les constructions logiques *a priori* dérivant de systèmes philosophico-religieux », il propose de réaliser une synthèse de l'approche factuelle typique de la science et de la démarche logico-déductive : l'empirisme scientifique. À la différence de Carnap, qui favorise une unification sous la conception hiérarchique de l'arbre, où tout dérive d'une science-mère, Neurath défend l'idée que l'unification ne peut se faire que de façon transversale, ce qui est le propre de l'encyclopédie, la marche de la science n'étant pas linéaire ni imposée par un modèle unique, mais « allant d'encyclopédies en encyclopédies ». Il présente cette position dans son article *L'Encyclopédie comme modèle*.

**Stanislaw Leśniewski** (1886-1939), mathématicien, philosophe et logicien polonais, est l'inventeur de la « méréologie », doctrine qui vise à résoudre le paradoxe de la classe des classes ne se contenant pas elles-mêmes. Par la suite, désirant lui donner un fondement logique,

Leśniewski invente deux systèmes proprement logiques : l'ontologie et la protothétique. La construction de ces deux systèmes et leurs règles d'inférence l'occupent jusqu'à sa mort.

**Ludwig Wittgenstein** (1889-1951), philosophe autrichien, puis britannique, est l'auteur du fameux *Tractatus Logico-Philosophicus*, dans lequel il affirme que le langage de la logique n'est pas supérieur à d'autres langages. La vérité ne se manifeste que dans une seule version : le langage de l'image ; celui-ci décrit tous les faits, il suffit donc pour décrire le monde. La logique n'est que la forme de ce langage, elle est prise en lui comme la structure de fer qui soutient un bâtiment.

**Martin Heidegger** (1889-1976), philosophe allemand, disciple d'Edmund Husserl et de la phénoménologie, se penche sur la question de l'être et son étude, l'ontologie. Après ce qu'il appelle lui-même le « tournant » de sa pensée (années 1930), il s'intéresse tout particulièrement aux présocratiques, à la dialectique, et développe les bases de ce qui deviendra, avec Gadamer, l'herméneutique. L'intention de Heidegger pourrait se résumer par une « déconstruction » de la métaphysique occidentale, afin d'y reformuler une ontologie : il propose d'accéder à la vérité de l'Être à travers une analyse de l'existence de l'homme. Heidegger a donné un cours sur le principe de raison (1955-1956), dont le livre intitulé *Question* reprend la partie portant sur le livre 9 de la *Métaphysique* d'Aristote.

**Hans Reichenbach** (1891-1953), philosophe des sciences allemand, partisan du positivisme logique, étudie les implications philosophiques des théories scientifiques. Son ouvrage sur la théorie de la relativité, *Relativitätstheorie und Erkenntnis apriori*, critique la notion kantienne de synthétique a priori ; dans *Philosophie der Raum-Zeit-Lehre*, il établit la vision du positivisme logique sur la théorie de la relativité. Plus tard, il s'intéresse aux fondations philosophiques de la mécanique quantique dans deux ouvrages : *Elements of Symbolic Logic* et *The Rise of Scientific Philosophy*. Il est le fondateur du Cercle de Berlin (*Die Gesellschaft für empirische Philosophie*).

**Rudolf Carnap** (1891-1970), philosophe allemand, poursuit le projet de Bertrand Russell de fonder toutes les connaissances sur la logique et un langage phénoméniste dans son ouvrage *Der logische Aufbau der Welt*

(« La Construction logique du monde »). Une de ses idées maîtresses est que les problèmes métaphysiques ou philosophiques sont des erreurs syntaxiques à dissoudre, des énoncés ou des questions dénués de sens. Il fonde avec Reichenbach le journal *Erkenntnis*.

**Stefan Banach** (1892-1945), mathématicien polonais, est l'un des fondateurs de l'analyse fonctionnelle. Son œuvre concerne aussi la théorie de la mesure, de l'intégration, de la théorie des ensembles et des séries orthogonales. Il est à l'origine, avec Tarski, du paradoxe de Banach-Tarski qui, par la simplicité apparente de son énoncé et l'étrangeté de sa conclusion, souligne les difficultés de compréhension qui se cachent dans la notion de parties non-mesurables de l'espace. Ces difficultés sont aussi intimement attachées à l'axiome du choix, outil de base de la démonstration.

**Norbert Wiener** (1894-1964), mathématicien américain, est surtout connu comme le fondateur de la cybernétique. Avec ce nouveau concept, il introduit en science la notion de *feedback* (rétroaction), notion qui a des implications dans de nombreux domaines : ingénierie, contrôle de système, informatique, biologie, psychologie, philosophie et organisation de la société.

**Emil Post** (1897-1954), mathématicien américain né en Pologne, établit la complétude sémantique du calcul propositionnel des *Principia Mathematica* de Whitehead et Russell par le système des tables de vérités.

**Haskell Brooks Curry** (1900-1982), logicien et mathématicien américain, pose les bases de la programmation fonctionnelle ; il est principalement connu pour son travail sur la logique combinatoire. Sa philosophie des mathématiques préférée est le formalisme, dans la ligne de son mentor Hilbert, mais ses écrits témoignent d'une certaine curiosité philosophique et d'une ouverture à la logique intuitionniste. Il donne aussi son nom à un paradoxe d'autoréférence (ou circulaire).

**Hans Georg Gadamer** (1900-2002), philosophe allemand, élève de Heidegger, est considéré comme le père de l'herméneutique philosophique. Dans son livre *Vérité et Méthode*, il pose les fondements de cette herméneutique en s'inspirant de certains éléments du platonisme et du néoplatonisme chrétien. Il tente de distinguer le processus d'interprétation de l'œuvre dans la lecture des textes philosophiques et toute forme de méthode et de connaissance propre aux sciences exactes. Il défend la thèse selon laquelle il existe des vérités qui échappent aux sciences de la nature.

**Ludwig von Bertalanffy** (1901-1972), biologiste d'origine autrichienne, est connu comme le fondateur de la Théorie systémique développée dans son ouvrage *General System Theory* (« Théorie générale des systèmes » ou plutôt « Théorie du système général »), théorie influencée par la cybernétique de Norbert Wiener.

**Alfred Tarski** (1902-1983), logicien et philosophe polonais, est notamment connu pour sa théorie de la vérité qui pose les bases de la sémantique et de la théorie des modèles. Un des débats philosophiques sur la théorie tarskienne est de savoir si elle présuppose une vérité comme correspondance à la réalité (« théorie de la correspondance » ou « correspondantisme ») ou si elle demeure neutre et serait plutôt une théorie dite « déflationniste » (qui n'ajoute aucune entité) ou simplement « décitationnelle » (c'est-à-dire que le prédicat de vérité permet de retirer les guillemets de la citation). Tarski a notamment formulé plusieurs énoncés équivalents à l'axiome du choix et montré la décidabilité de théories comme celle des algèbres de Boole ou des corps algébriquement clos et l'indécidabilité de théories comme celle des treillis.

**Karl Popper** (1902-1994), philosophe des sciences autrichien, côtoie le Cercle de Vienne sans jamais y entrer. Pour lui, les deux sujets fondamentaux de la théorie de la connaissance sont le problème de la démarcation et le problème de l'induction. Le premier débouche sur la théorie de réfutabilité (le terme « falsifier » souvent employé, à tort, dans les traductions des œuvres de Popper, doit être compris dans le sens de « réfuter »), comme critère de démarcation entre science et pseudo-science. Quant à l'induction, Popper la rejette puisqu'aucune théorie universelle stricte ne serait justifiable à partir d'un principe d'induction sans que cette justification ne sombre dans la régression à l'infini.

**John von Neumann** (1903-1957), mathématicien et physicien né en Hongrie, apporte d'importantes contributions tant en mécanique quantique, qu'en analyse fonctionnelle, en théorie des ensembles, en informatique, en sciences économiques, ainsi que dans beaucoup d'autres domaines des mathématiques et de la physique. En théorie des ensembles, il énonce l'axiome de fondation afin d'éviter les paradoxes connus, tout en permettant la construction d'ensembles effectivement usités en mathématiques. Par ailleurs, il développe la théorie des jeux, qu'il étend aux jeux avec asymétrie d'information et aux jeux avec plus de deux joueurs.

**Andreï Andreïevitch Markov** (1903-1978), mathématicien soviétique et fils de son homonyme né en 1856, est le fondateur de l'école soviétique des mathématiques constructives. Il a publié des articles sur le problème des trois corps, les systèmes dynamiques, la mécanique quantique, la relativité générale, la topologie, etc. Après la seconde guerre mondiale, il s'est surtout intéressé à la théorie des ensembles, la logique mathématique et les fondements des mathématiques. Dans le domaine des mathématiques constructives, son nom reste attaché au principe de Markov dont la prise en compte ou non constitue des variantes de la logique intuitionniste de Brouwer.

**Vladimir Jankélévitch** (1903-1985), philosophe d'origine russe, professeur à la Sorbonne durant 30 ans, disciple de Brunschvicg et de Bergson, replace le raisonnement par rapport à la morale, comme suit : « L'expérience morale suppose à la fois la notion universelle et rationnelle d'une loi inhérente à la dignité de l'humain en général et, au vif du for intime, une expérience privilégiée, urgente, hyperbolique qui nous pousse toujours au-delà de notre devoir... Aussi la morale, dès qu'elle cesse d'être une pure déduction cognitive et synonymique des devoirs, ne se distingue-t-elle plus de la métaphysique. »

**Hans Jonas** (1903-1993), philosophe allemand, élève de Husserl et Heidegger, est surtout connu pour son éthique pour l'âge technologique, qu'il a développée dans son ouvrage majeur, *Le principe responsabilité*. D'après lui, le pouvoir énorme qui est conféré à l'homme par la technoscience constitue un problème auquel doit répondre, en l'homme, une nouvelle forme de responsabilité.

**Alonzo Church** (1903-1995), mathématicien et logicien américain, est l'un des fondateur de l'informatique théorique. Il est à l'origine de la notion de fonction récursive, et de la première démonstration de l'existence d'un problème indécidable. C'est lui qui le premier a l'idée que l'on peut définir le concept de fonction calculable dans un sens très large ; il est ainsi le fondateur de la calculabilité, une branche de la logique mathématique.

**Andreï Kolmogorov** (1903-1997), mathématicien soviétique, a travaillé sur la théorie des ensembles et les probabilités. Il a développé une axiomatisation du calcul des probabilités, ainsi qu'une méthode pour traiter les processus stochastiques. Il a également travaillé sur la logique intuitionniste.

**Kurt Gödel** (1906-1978), mathématicien et logicien autrichien, prouve en 1930 la complétude de la logique classique du premier ordre, c'est-à-dire que toute formule valide est démontrable, résultat qui fut publié par l'Académie des Sciences de Vienne. En 1931, il publie son célèbre « théorème d'incomplétude » prouvant que : (1) un système axiomatique assez puissant pour décrire les nombres naturels ne peut être à la fois cohérent et complet ; (2) si le système est cohérent, alors la cohérence des axiomes ne peut pas être prouvée au sein même du système. Gödel introduit dans son travail la notion d'univers constructible, modèle de la théorie des ensembles dans lequel les seuls ensembles existants sont ceux qui peuvent être construits à partir d'ensembles plus élémentaires.

**Alan Turing** (1912-1954), logicien et mathématicien britannique, est connu pour ses travaux sur la calculabilité. Il montre, au début des années 1930, qu'il n'est pas possible de tout démontrer ou réfuter. Il suit une démarche similaire à celle de Church, mais il élabore un « modèle universel de calcul » et décrit en 1936 sa célèbre « machine universelle », construction purement intellectuelle, dans son article *On computable numbers, with an application to the Entscheidungsproblem*. Dans son article *Computing Machinery and Intelligence* (1950), il élabore ce qui est connu comme le « test de Turing », une adaptation du « jeu de l'imitation », qui jouera un grand rôle dans l'intelligence artificielle.

**Thomas Kuhn** (1922-1996), philosophe des sciences américain, a popularisé le terme de « paradigme » dans le cadre de l'étude de l'évolution des sciences. Dans son essai *Objectivity, Value Judgment, and Theory Choice*, il réitère cinq critères qui déterminent le choix d'une théorie scientifique : exactitude, cohérence, largeur de vue, simplicité, fécondité.

**Hilary Putnam** (né en 1926), philosophe américain, est surtout connu pour s'être opposé à la thèse d'identité entre les états mentaux et les états cérébraux, argument fondé sur l'hypothèse de la réalisabilité multiple des propriétés du mental, et pour sa défense du fonctionnalisme, une théorie influente relativement au problème du corps et de l'esprit. En philosophie du langage, avec Saul Kripke notamment, il développe la « théorie causale de la référence » et propose une approche originale de la signification, nommée « externalisme sémantique ».

**Nicolas Bourbaki** est un mathématicien imaginaire, sous le nom duquel un groupe de mathématiciens francophones, formé en 1935, commence à écrire et éditer des textes mathématiques à la fin des années 1930. L'objectif premier est la rédaction d'un traité d'analyse. La composition du groupe évolue avec un renouvellement constant de générations.

## 6. Les fondateurs des logiques non standard

*Nous avons choisi de consacrer une partie de ces biographies aux spécialistes des logiques non standard en raison de leur importance dans cet ouvrage. Cette partie rompt la chronologie suivie jusqu'ici, puisque les auteurs les plus anciens sont nés au XIX$^e$ siècle.*

**Jan Łukasiewicz** (1878-1956), philosophe et logicien polonais, étudie les axiomatisations de la logique. Il défend l'idée que le principe de contradiction d'Aristote n'est pas un premier principe, mais demande une preuve. Cette preuve, il tente en vain de l'obtenir à partir de la définition du jugement vrai et de celle du jugement faux ; il en conclut que ce principe n'a pas de valeur logique, mais seulement éthico-pratique, en ce sens que nous devons le croire, car il permet de lutter contre les erreurs et le mensonge. Il remet aussi en question le principe du tiers exclu, en rapport avec le problème du déterminisme, ce qui débouche sur les logiques à plusieurs valeurs (non aristotéliciennes) dont il est le principal initiateur, et dans lesquelles il a donné une interprétation de la logique modale. Il est considéré, à ce titre, comme le pionnier de la logique trivalente dans les années 1930, consistant à ajouter une troisième valeur de vérité intermédiaire entre « vrai » et « faux », afin de « libérer la logique du carcan aristotélicien. »

**Alfred Korzybski** (1879-1950), scientifique d'origine polonaise, ingénieur et expert des services de renseignements, d'abord dans l'armée russe, puis au Canada et aux États-Unis, est le fondateur de la Sémantique Générale, une logique de pensée permettant de prendre un recul critique sur les réactions (non verbales et verbales) à un « événement » au sens large (comprendre ses propres réactions, ainsi que les réactions des autres et leur interaction éventuelle). Cette approche innovante, présentée dans son ouvrage majeur, *Science and Sanity, an Introduction to Non-Aristotelian Systems and General Semantics*, dont la première édition paraît en 1933, remet en cause les postulats de la logique d'Aristote et les schémas de pensée aristotéliciens ancrés dans le langage occidental habituel (approche figée, typiquement noir-blanc, sans tenir compte de l'infinité des nuances qui se trouvent dans « le monde où l'on vit »).

**Luitzen Egbertus Jan Brouwer** (1881-1966), mathématicien néerlandais, est considéré comme le fondateur de la logique intuitionniste. Reprenant les théories euclidiennes, la théorie des ensembles de Cantor et la méthode axiomatique, Brouwer est conduit à mettre en opposition le formalisme, qui considère les mathématiques comme un langage, et l'ancienne école intuitioniste, pour qui l'arithmétique demeure une collection de jugements synthétiques a priori.

**Arend Heyting** (1898-1980), mathématicien et logicien néerlandais, élève de Brouwer à l'Université d'Amsterdam, contribue largement à ce que la logique intuitionniste fasse partie de la logique mathématique.

**Willard Van Orman Quine** (1908-2000), philosophe et logicien américain, l'un des principaux représentants de la philosophie analytique, est surtout connu en logique pour avoir produit une théorie des ensembles alternative appelée *New Foundations*.

**Stephen Cole Kleene** (1909-1994), mathématicien américain, à l'origine de la théorie de la récursivité, présente la logique trivalente comme conséquence de celle-ci.

**Arthur Norman Prior** (1914-1969), professeur de philosophie et logicien, est l'auteur de plusieurs ouvrages sur la logique, notamment *Logic and the Basis of Ethics* et *The Craft of Logic*. Il s'intéressé en particulier à la relation entre le temps et la logique, et développe un formalisme pour rendre compte en détail de cette relation, ce qui fait de Prior un fondateur de la logique temporelle ; pour lui, les logiques temporelle et modale sont particulièrement adaptées à nombre de problèmes théologiques importants, notamment la question fondamentale du déterminisme et du libre-arbitre.

**Georg Henrik von Wright** (1916-2003), philosophe finlandais, contribue au développement de la logique déontique et de la logique de l'action.

**Abraham Robinson** (1918-1974), mathématicien et logicien né en Allemagne, est célèbre pour sa création de l'analyse non standard (1961), une théorie mathématique du calcul infinitésimal, qui rend rigoureux l'usage des infiniment petits et des infiniment grands introduits par Leibniz et largement utilisés par Euler.

**Lotfi Zadeh** (né en 1921), mathématicien et informaticien né en Azerbaïdjan (URSS), est le principal théoricien de la logique floue, dont les valeurs de vérité peuvent être affectées par des coefficients de probabilité, de possibilité, etc.

**Stig Kanger** (1924-1988), philosophe et logicien suédois, a participé à l'émergence de la sémantique dite *model-theoretic* pour la logique modale (notamment en proposant l'ébauche de ce qu'on appellera par la suite les relations d'accessibilité, utilisées dans la sémantique des mondes possibles). Il a beaucoup travaillé sur la formalisation logique de l'action et des normes, et est l'auteur d'une typologie des normes.

**Michael Dummett** (1925-2011), philosophe britannique, spécialiste de la logique de Frege, se penche sur la philosophie des mathématiques, la philosophie de la logique, la philosophie du langage et la métaphysique. Entre autres travaux, il contribue au développement de la logique intuitionniste et envisage la possibilité de la causalité inversée.

**Jaakko Hintikka** (né en 1929), logicien et philosophe finlandais, travaille sur la logique du dialogue (ou sémantique des jeux), la logique épistémique, la sémantique et la philosophie wittgensteinienne. Il participe, avec Saul Kripke et Stig Kanger, à l'élaboration de la sémantique des mondes possibles utilisée en logique modale.

**Nuel Belnap** (né en 1930), logicien et philosophe américain, fait d'importantes contributions à la philosophie de la logique, la logique temporelle et la théorie de la preuve structurelle. Il est notamment co-auteur de *The Prosentential Theory of Truth* et de *The Revision Theory of Truth*.

**George Stephen Boolos** (1940-1996), philosophe, mathématicien et logicien américain, est connu pour ses travaux sur la calculabilité et la logique. Il développe en particulier la « logique de prouvabilité », une application de la logique modale à la théorie de la preuve mathématique.

**Saul Kripke** (né en 1940), philosophe et logicien américain, contribue au développement de la logique modale et la sémantique des mondes possibles. Il est l'auteur de l'« axiome K », nommé d'après son nom, et préconise une « théorie causale de la référence », d'après laquelle un nom se réfère à un objet par une connexion causale avec l'objet, celui-ci étant nommé dans tous les mondes possibles, c'est-à-dire dans toutes les situations contrefactuelles imaginables, où cet objet existe.

**David Lewis** (1941-2001), philosophe américain, est surtout connu pour avoir défendu la théorie du « réalisme modal », selon laquelle il existe un nombre infini de mondes possibles concrets et causalement isolés les uns des autres, position qu'il a détaillée dans son ouvrage *On the Plurality of Worlds* (1986). Selon cette théorie, six axiomes régissent les mondes possibles au sein du réalisme modal : (1) les mondes possibles existent, ils sont aussi réels que notre monde ; (2) les mondes possibles sont de la même espèce que notre monde, ils diffèrent par leur contenu, pas par leur nature ; (3) les mondes possibles ne peuvent pas être simplifiés, ce sont des entités irréductibles ; (4) ce qui distingue notre monde des autres mondes possibles, ce n'est pas sa réalité, c'est juste qu'il est notre monde ; (5) les mondes possibles sont unifiés par des interrelations spatiotemporelles de leurs parties, mais chaque monde est isolé spatiotemporellement de tout autre monde ; (6) les mondes possibles sont causalement isolés les uns des autres. Cette théorie a subi de nombreuses critiques (prévues par Lewis lui-même) : elle est considérée comme contre-intuitive, elle tombe sous le coup du « rasoir d'Occam », la coexistence d'univers isolés serait impossible, elle identifie réalité mathématique et réalité physique, etc.

**Drew McDermott** (né en 1949), informaticien américain, mène des recherches dans le domaine de l'intelligence artificielle, la logique non monotone et la logique temporelle (*A temporal logic for reasoning about processes and plans*, Cognitive Science, 6, 1982). Il s'est aussi intéressé à la robotique et à la vision, ainsi qu'à la planification automatique et au web sémantique.

**James Frederick Allen** (né en 1950), informaticien américain, s'intéresse à la linguistique et à son traitement informatique, ainsi qu'à la connaissance de l'homme et de la machine. Il mène aussi des recherches en logique temporelle (*Towards a general theory of action and time*, Artificial Intelligence, 23 : 123-154, 1984).

**Donald Nute** (né au XX$^e$ siècle), logicien américain, spécialiste de l'intelligence artificielle, est l'un des fondateurs de la « logique défaisable » (*defeasible logics* ou *defeasible reasoning*), variante de la logique non monotone.

## 7. Auteurs singuliers et contemporains

*Comme la précédente, cette ultime partie est appelée à s'élargir avec de nouveaux auteurs encore inconnus ou méconnus.*

**Robert King Merton** (1910-2003), sociologue américain, développe de nouveaux concepts tels que les « conséquences inattendues » ou les « prophéties auto-réalisatrices qu'il définit ainsi : *« La prophétie auto-réalisatrice est une définition d'abord fausse d'une situation, mais cette définition erronée suscite un nouveau comportement, qui la rend vraie. »* Par exemple : les actionnaires imaginent que le marché va s'écrouler et cela provoque un krach boursier. Merton souligne également des phénomènes inverses : lorsque la prédiction d'un évènement empêche celui-ci de se réaliser. Par exemple : la crainte d'un embouteillage peut amener de nombreux automobilistes à différer leur départ et rendre ainsi le trafic plus fluide. Merton contribue aussi à la consolidation de théories de « moyenne portée » (groupes de référence) et introduit le concept de sérendipité en sociologie.

**Raymond Smullyan** (né en 1919), mathématicien et logicien américain, philosophe taoïste et magicien, est célèbre pour ses problèmes logiques et philosophiques, qui sont des extensions des paradoxes classiques et se présentent sous la forme d'énigmes et de pièges logiques.

**René Thom** (1923-2002), mathématicien français, est le fondateur de la Théorie des Catastrophes, présentée dans son ouvrage *Stabilité structurelle et morphogenèse*. La théorie des catastrophes a pour objet de construire le modèle dynamique continu le plus simple pouvant engendrer une morphologie, donnée empiriquement, ou un ensemble de phénomènes discontinus. Le terme de « catastrophe » désigne le lieu où une fonction change brusquement de forme. La force de cette théorie par rapport au traitement habituel des équations différentielles est de tenir compte des fonctions comportant des singularités, c'est-à-dire des variations soudaines.

**Benoît Mandelbrot** (1924-2010), mathématicien français, est l'inventeur des fractales. Une fractale est une courbe ou surface de forme irrégulière ou morcelée qui se crée en suivant des règles déterministes ou stochastiques impliquant une homothétie interne. *« Les objets fractals peuvent être envisagés comme des structures gigognes en tout point – et pas seulement en un certain nombre de points, les attracteurs de la structure gigogne classique. Cette conception hologigogne (gigogne en tout point) des fractales implique cette définition tautologique : un objet fractal est un objet dont chaque élément est aussi un objet fractal. »* (définition de nature récursive)

**Peter Winch** (1926-1997), philosophe britannique, appartient à la mouvance du Wittgenstein tardif (anti-positivisme logique). Il se place dans la tradition « continentale » herméneutique et phénoménologique (allemande et française). Il travaille notamment sur les fondements des sciences sociales et leur scientificité.

**Hugh Everett** (1930-1982), physicien et mathématicien américain, est célèbre pour son hypothèse des mondes multiples en physique, également nommée interprétation d'Everett, ainsi que pour ses travaux mathématiques sur l'optimisation. À douze ans, il écrit une lettre à Einstein, lui demandant ce qui faisait tenir l'univers ensemble. Contre toute attente, il reçoit une réponse : « Cher Hugh, il n'existe ni force irrésistible ni corps indéplaçable. Mais il semblerait qu'il existe un garçon têtu qui a victorieusement forcé sa voie à travers des difficultés étranges créées par lui pour cela. Amicalement, A. Einstein ».

**Donald Knuth** (né en 1938), informaticien américain, est l'auteur d'une centaine d'articles et d'une dizaine de livres sur l'algorithmique et les mathématiques discrètes. Son œuvre maîtresse, *The Art of Computer Programming* (TAOCP), dont trois volumes sur sept sont parus, constitue une référence dans le domaine de l'informatique. Il traite notamment de l'analyse d'algorithmes, consistant à se servir des mathématiques pour étudier les performances (en temps, mémoire…) d'un algorithme sur l'ensemble de ses exécutions possibles.

# Index alphabétique des auteurs

Abélard (1079-1142)

Albert le Grand (1200-1280)

Alexander (1859-1938)

Allen (né en 1950)

Anaximandre de Milet (vers -610 à -546)

Anaxagore (-500 à -428)

Anselme de Canterbury (1033-1109)

Aristote (-385 ou -384 à -322 ou -321)

Arnauld (1612-1694)

Augustin d'Hippone ou Saint-Augustin (354-430)

Averroes (1126-1198)

Avicenne (980-1037)

Babbage (1771-1871)

Bacon (Francis) (1561-1626)

Bacon (Roger) (1214-1294)

Banach (1892-1945)

Bayes (1702-1761)

Bayle (1647-1706)

Belnap (né en 1930)

Bergson (1859-1941)

Berkeley (1685-1753)

Bertalanffy (1901-1972)

Biel (1420-1495)

Boole (1815-1864)

Boolos (1940-1996)

Borel (1871-1956)

Bourbaki (XXe siècle)

Brouwer (1881-1966)

Bruno (1548-1600)

Brunschvicg (1869-1944)

Cannon (1871-1945)

Cantor (1845-1918)

Carnap (1891-1970)

Cardan (1501-1576)

Carroll (1832-1898)

Charron (1541-1603)

Châtelet (1706-1749)

Church (1903-1995)

Cicéron (-106 à -43)

Confucius ou Kongzi (-551 à -479)

Curry (1900-1982)

D'Alembert (1717-1783)

D'Aquin (1224-1274)

D'Arcy Thompson (1860-1948)

Dedekind (1831-1916)

Dee (1527-1608 ou 1609)

Démocrite (vers -360 à -270)

Denys l'Aréopagite (pseudo-) (vers 500)

Descartes (1596-1650)

Diderot (1713-1784)

Diodore, dit Diodore Chronos (mort en -296)

Diogène Laërce (III$^e$ siècle)

Dummett (1925-2011)

Empédocle (-490 à -435)

Épicure (-342 à -270)

Ératosthène (-274 à -194)

Euclide d'Alexandrie (-325 à -265)

Euclide de Mégare (vers -450 à -380)

Euler (1707-1783)

Everett (1930-1982)

Fermat (vers 1600-1665)

Ficin (1433-1499)

Frege (1848-1925)

Gadamer (1900-2002)

Galien (129-201)

Gassendi (1592-1655)

Gaudapâda (VI$^e$ ou VII$^e$ siècle)

Gödel (1906-1978)

Gracian (1601-1658)

Hahn (1879-1934)

Hegel (1770-1831)

Heidegger (1889-1976)

Héraclite d'Éphèse (vers -540 à -480)

Heyting (1898-1980)

Hilbert (1862-1943)

Hintikka (né en 1929)

Hobbes (1588-1679)

Husserl (1859-1938)

Hume (1711-1776)

James (1842-1910)

Jankélévitch (1903-1985)

Jonas (1903-1993)

Kanger (1924-1988)

Kant (1724-1804)

Kilwardby (1215-1279)

Kleene (1909-1994)

Knuth (né en 1938)

Kolmogorov (1903-1997)

Korzybski (1879-1950)

Kripke (né en 1940)

Kuhn (1922-1996)

Laplace (1749-1827)

Leibniz (1646-1716)

Leśniewski (1886-1939)

Lewis (1941-2001)

Locke (1632-1704)

Lombard (vers 1100-1160)

Lomonossov (1711-1765)

Lovelace (1815-1852)

Lucrèce (1$^{er}$ siècle av. JC)

Łukasiewicz (1878-1956)

Lulle (1232-1315)

Malebranche (1638-1715)

Mandelbrot (1924-2010)

Markov (1856-1922)

Markov (1903-1978)

McDermott (né en 1949)

Mersenne (1588-1648)

Merton (1910-2003)

Mill (1806-1873)

Moore (1873-1956)

Morgan (1806-1871)

Mozi (-479 à -392)

Neumann (1903-1957)

Neurath (1882-1945)

Newton (1643-1727)

Nicole (1625-1695)

Nietzsche (1844-1900)

Nute (XXe siècle)

Ockham ou Occam (1285-1347)

Parménide (né vers-540)

Pascal (1623-1662)

Peano (1858-1932)

Peirce (1839-1914)

Pic de la Mirandole (1463-1494)

Platon (vers-428 à -348)

Plotin (205-270)

Plutarque (46-125)

Poincaré (1854-1912)

Popper (1902-1994)

Post (1897-1954)

Prior (1914-1969)

Proclos ou Proclus (412-485)

Prodicos de Céos (-470 à -399)

Protagoras (-490 à -420)

Putnam (né en 1926)

Pythagore (vers -580 à -495)

Quine (1908-2000)

Quintilien (35-96)

Reichenbach (1891-1953)

Reid (1710-1796)

Robinson (1918-1974)

Russell (1872-1970)

Schelling (1775-1854)

Schlick (1882-1936)

Schopenhauer (1788-1860)

Schröder (1841-1902)

Scot (1266 -1308)

Shankara (700-750 ou 780-820)

Smullyan (né en 1919)

Socrate (-470 à -399)

Spinoza (1632-1677)

Stewart (1753-1828)

Tarski (1902-1983)

Thalès de Milet (vers -625 à -547)

Théophraste (-371 à -287)

Thom (1923-2002)

Thomas d'Aquin (1224-1274)

Turing (1912-1954)

Vinci (1452-1519)

Voltaire (1694-1778)

Walpole (1717-1797)

Whitehead (1861-1947)

Wiener (1894-1964)

Winch (1926-1997)

Wittgenstein (1889-1951)

Wolff (1679-1754)

Wright (1916-2003)

Xénophon (-426 ou -430 à -355)

Zadeh (né en 1921)

Zénon d'Élée (vers -480 à -420)

Zermelo (1871-1953)

Zhuāngzǐ (IVe siècle)

# TABLE DES MATIERES

Introduction ................................................. p. 7

Prologue .................................................... p. 11

Chapitre 1. .................................................. p. 15
L'homme ou la machine - Un essai de définition de l'intelligence artificielle – Algorithmique - Raisonnement et informatique

Chapitre 2. .................................................. p. 25
Raison et logique, le latin et le grec - Le mouvement de la pensée : la fin et les moyens - Transcrire le raisonnement - Raisonnement et construction du monde - Du cosmos au chaos

Chapitre 3. .................................................. p. 35
Causalité et raisonnement scientifique - La finalité, déclinaison de la causalité - Les rôles de la causalité et de la finalité - Le sens du raisonnement - La pensée contrainte

Chapitre 4. .................................................. p. 43
Raison du raisonnement - Raisonnement et réalité - En deçà du raisonnement - Connaître ou reconnaître - De l'observation à la théorie - Connaissances et métaconnaissances - Apprentissage et mémoire, association et identité

Chapitre 5. .................................................. p. 53
Sujet et objet - Objectivité et subjectivité - Raisonnement et libre-arbitre - Le règne de la quantité - Négation et non-dualité

Chapitre 6. .................................................. p. 63
Qu'est-ce que raisonner ? - Raisonnement et vérité - Raisonnement et jugement - Raisonnement et discussion : la dialectique - Raisonnement et négation

Chapitre 7. p. 73
Différentes formes de raisonnement - Bon sens, reproduction, répétition, degré zéro du raisonnement - Le raisonnement proprement dit - L'intuition - Raisonnement et communication - Raisonnement et évolution - Général et particulier - Limites du raisonnement

Chapitre 8. p. 83
Le tout et les parties - Systèmes et systémique – La démarche analytique - Le structuralisme - Cartes et territoires - Les fractales - L'holographie - L'analyse non standard - Notion d'émergence - Des neurones au cerveau - Boîte noire, boîte blanche

Chapitre 9. p. 97
Raisonnement qualitatif - Raisonnement associatif - L'analogie - Raisonnement basé sur le cas - Analogie, modèle ou artefact - Théorie des catastrophes et morphogénèse - Analogie informatique : le paradigme de l'ordinateur - Deux modèles pour l'intelligence

Chapitre 10. p. 109
La logique - Origine et formes de la logique - Un mode de raisonnement universel - Les principes de la logique classique - Failles et écueils de la logique - Implication et inférence - Règles d'inférence et chaînage avant ou arrière - Déduction, induction, abduction - Logique, temps et causalité

Chapitre 11. p. 123
Logique et mathématiques - Logique et théorie des ensembles - Logique propositionnelle et calcul des prédicats - Le formalisme et ses limites - Constructivisme et intuitionnisme

Chapitre 12. p. 133
Logique classique et paradoxes - Sortir de la logique classique - Le cas des géométries non euclidiennes - Vers les logiques non standard - Logiques non standard et diversité

Chapitre 13.                          p. 141
Modalités et vérité - Possibilité, contingence et nécessité -
L'évidentialité - Logiques modales - Logique épistémique -
Logiques possibiliste et probabiliste - Logique non monotone -
Logique temporelle, logique spatiale - Logique de l'action

Chapitre 14.                          p. 155
Logiques multivalentes - Logique quantique - Logique floue -
Logique floue et linguistique - Applications de la logique floue

Chapitre 15.                          p. 161
Raisonnements volontairement absurdes, aberrants ou impossibles
- Le hasard contre la raison - Sérendipité et voies détournées -
Clinamen et 'Pataphysique - Double contrainte et dilemme -
Systèmes exotiques - La méthode paranoïaque-critique

Conclusion                              p. 171

Annexe : Repères biographiques           p. 175

Index alphabétique des auteurs            p. 233